GIOVANNI CIVARDI

MENSCHEN

ZEICHNEN VON PERSONEN IM ALLTAG

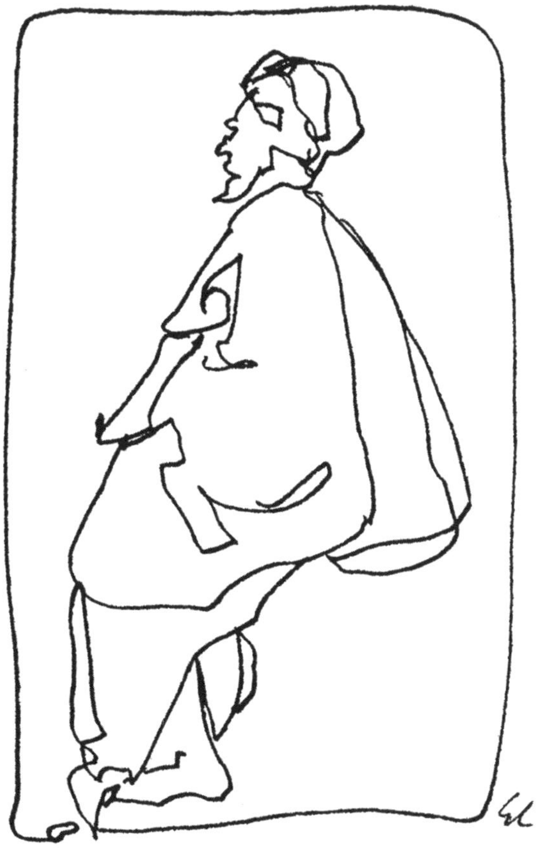

tosa

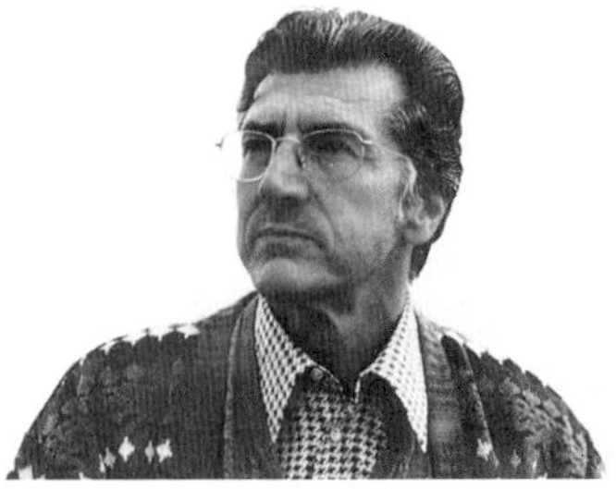

Giovanni Civardi wurde 1947 in Mailand geboren.
Nach Anfängen als Illustrator und Bildhauer beschäftigt er sich seit vielen Jahren mit Anatomie für Künstler und leitet Kurse im Figurenzeichnen.

Die hier abgebildeten Personen wurden mit ihrer Zustimmung gezeichnet, jede Ähnlichkeit mit weiteren Personen ist rein zufällig.

Titel der Originalausgabe: La Figura Vestita

Übersetzung aus dem Italienischen: www.textwerkstatt.at/ Mathias R. Hofter
Covergestaltung: Joseph Koó
Druck: Polygraph Print, Slovakia

www.tosa-verlag.com

Inhalt

Einführung

L'exactitude n'est pas la vérité - Genauigkeit ist nicht die Wahrheit
Henri Matisse

In den Kunstschulen und -akademien oder auch im Ausbildungsweg eines jeden Künstlers oder Bildhauers galt das Zeichnen von Menschen nach der Natur immer als unverzichtbarer Markstein. Selbst in unseren Tagen, wo die verschiedensten und gegenläufigen Tendenzen im künstlerischen Ausdruck miteinander konkurrieren, verwendet ein Künstler, der seine künstlerische Freiheit auf eine solide Grundlage stellen will, oft einen bedeutenden Teil seiner Zeit und seines Studiums für das Zeichnen des menschlichen Körpers, der seit alters her eines der bevorzugten Themen der Kunst gewesen ist.

Wenn man vom Studium der Figur spricht, dann bezieht sich das bei der Zeichnung vor allem auf den Akt, der die unverzichtbare Voraussetzung allen Figurenzeichnens bildet. Aber es ist klar, dass sich vor allem in der Öffentlichkeit sehr viel häufiger Gelegenheit findet, ganz oder teilweise bekleidete Figuren zu studieren und abzuzeichnen. Und sie bilden auch einen sehr viel größeren Bereich der künstlerischen Ausdrucksformen: man denke nur an das Porträt, die Fotografie, den Comicstrip, die Illustration usw. Es ist jedoch klar, dass in allen diesen Kunstgattungen die Bekleidung den Körper nicht nur verhüllt, sondern ihrerseits wiederum von seinen Formen und Bewegungen bestimmt wird.

Es schien mir also angebracht, mit diesem Buch ein schwieriges, aber umso interessanteres Kapitel der Kunst anzusprechen, das man in der Kunstgeschichte als „Genre" bezeichnet: nämlich Personen in den verschiedenen Situationen des täglichen Lebens zu beobachten und zu zeichnen, in unserem ganz normalen Milieu, an allen möglichen Orten, an denen wir regelmäßig vorbeikommen oder die wir täglich aufsuchen; die Themen finden sich zu Hause, auf der Straße, an öffentlichen Orten oder in Bus und Bahn.

Die Zeichnung ist die direkteste Form des künstlerischen Ausdrucks und erlaubt, sofort und ohne größere Schwierigkeiten festzuhalten und wiederzugeben, was man sieht. Um gut zu zeichnen, muss man vor allem sorgfältig und aufmerksam beobachten und die visuellen Eindrücke mit der eigenen Empfindsamkeit und nach den eigenen Vorstellungen und dem eigenen Stil umsetzen. So erfordern das schnelle Zeichnen nach der Natur oder die einfache Skizze zwar nicht viel Ausarbeitung der Einzelheiten, dagegen sehr viel mehr die Fähigkeit, die wesentlichen Elemente herauszuheben, die charakteristisch für die Wiedergabe des Themas sind. Beim Zeichnen von Akten oder bekleideten Figuren muss man sie also als eine Einheit einfacher Formen behandeln, die sich zu einem komplexen, zusammenhängenden Ganzen aufbauen, ihre Proportionen einschätzen, ihre Ausgewogenheit, den Charakter von Haltung und Gestik usw.

In den einzelnen Abschnitten des Buches versuche ich zumindest einige Anregungen zum Nachdenken und zur Übung beizusteuern, die Ihnen helfen und Sie anregen sollen, ihre Beobachtungsgabe zu verfeinern und für Ihre eigene Praxis des schwierigen, aber doch so hilfreichen und dankbaren Figurenzeichnens zu nutzen.

1 Materialien und Techniken

Um schnell ein Porträt zu entwerfen oder Figuren zu skizzieren, reichen die einfachsten und bekanntesten Zeichenwerkzeuge: Bleistifte, Zeichenkohle, Pastellstifte, Feder und Tusche, Aquarellpinsel und -farben, Filzstifte usw. Jedes einzelne dieser Werkzeuge bringt jedoch sehr unterschiedliche Wirkungen hervor, nicht nur wegen der unterschiedlichen Materialbeschaffenheit und der erforderlichen Technik, sondern auch wegen des unterschiedlichen Zeichengrundes, auf den sie aufgebracht werden: geleimtes glattes oder ungeleimtes raues Papier, Zeichenkarton, weißes oder getöntes Papier usw. Die Zeichnungen auf diesen beiden Seiten wurden mit solchen Werkzeugen gemacht, die leicht verfügbar sind, aber dennoch gut geeignet, schnell und effektvoll Szenen und alles andere festzuhalten, was uns auf der Straße, in Lokalen, auf der Reise oder wo auch immer begegnet, wo Menschen sich treffen.

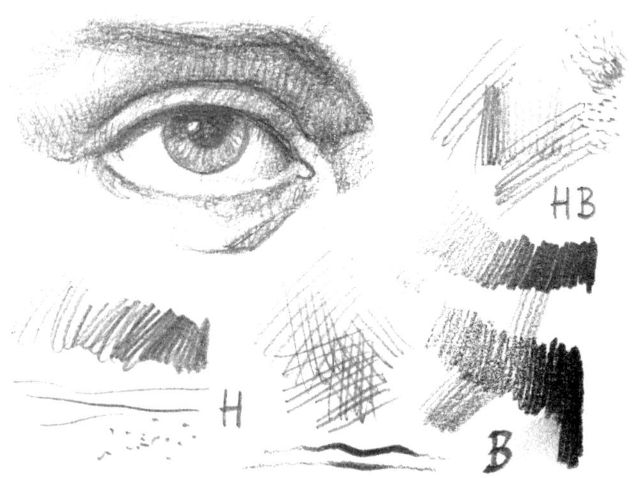

Bleistifte und Grafitstifte (H, HB, B) auf ungeleimtem Papier

Der Bleistift ist das gebräuchlichste Mittel für Zeichnungen, und gerade für bekleidete Personen und Porträts bietet er sich für den unmittelbaren Ausdruck und die bequeme Ausführung an. Er kann für differenzierte und ausgearbeitete Zeichnungen benutzt werden oder für kleine Studien und schnelle Skizzen. Für letztere eignen sich am besten Druckbleistifte mit Mikrominen, für erstere eher Grafitminen größeren Durchmessers und in weicherer Gradation. Grafitminen für TK-Stifte wie auch die normalen Bleistifte aus Holz besitzen je nach ihrer Zusammensetzung unterschiedliche Härtegrade: von 9H, sehr hart, für dünne und blasse Linien, bis zu 6B, sehr weich, womit sich dicke Linien zeichnen oder Flächen füllen lassen.

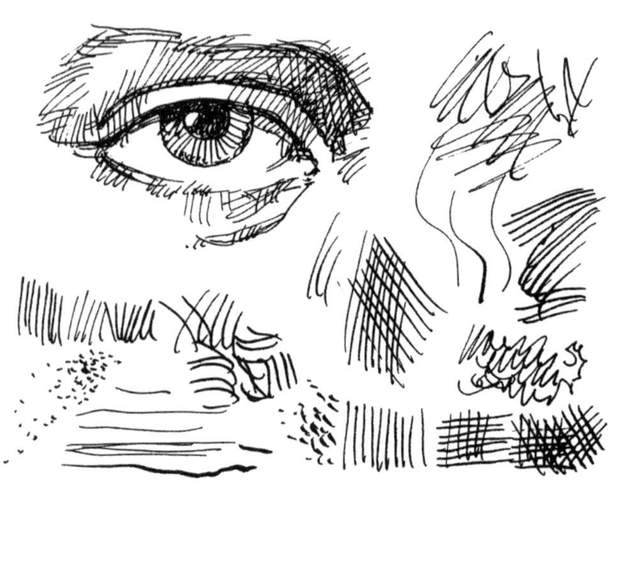

Feder oder Pinsel mit Chinatusche auf geleimtem Papier

Die Tuschzeichnung ist eine beliebte Technik bei Künstlern. Sie kann mit der Zeichenfeder oder mit dem Pinsel ausgeführt werden, aber besondere Effekte lassen sich auch mit der Rohrfeder aus Bambus, der Breitbandfeder, dem Füllfederhalter oder dem Tuschzeichner für technische Zeichnungen („Rapidograph"), dem Filzstift oder dem Kugelschreiber erzielen. Die Tonintensität hängt von der Dichte der Federstriche ab. Daher empfiehlt es sich, glattes Papier oder glatten Karton von guter Qualität zu benutzen, um ein Ausfransen der Oberfläche oder eine unregelmäßige Farbannahme zu vermeiden.

Zeichenkohle auf Papier

Der Kohlestift ist optimal für Skizzen von Personen nach der Natur, weil bei ihm die Dichte des Tons am meisten vom Druck des Aufsetzens abhängt und man eine große Genauigkeit im Detail erreicht. Er erfordert eine gewisse Gewandtheit im Umgang mit den unterschiedlichen Möglichkeiten der Schattierung, aber darin liegen auch seine besonderen Stärken. Es gibt sowohl die angespitzte, reine Zeichenkohle wie auch den Kohlestift aus Holz; bei beiden muss man sehr darauf achten, das Papier nicht zu verschmutzen. Die Striche verlaufen etwas und man kann sie noch abtönen, indem man sie mit dem Finger verwischt. Man kann die Zeichnung auch mit Radiergummi oder Plastilin wieder abtupfen oder ausradieren. Die fertige Zeichnung muss mit Fixativ geschützt werden.

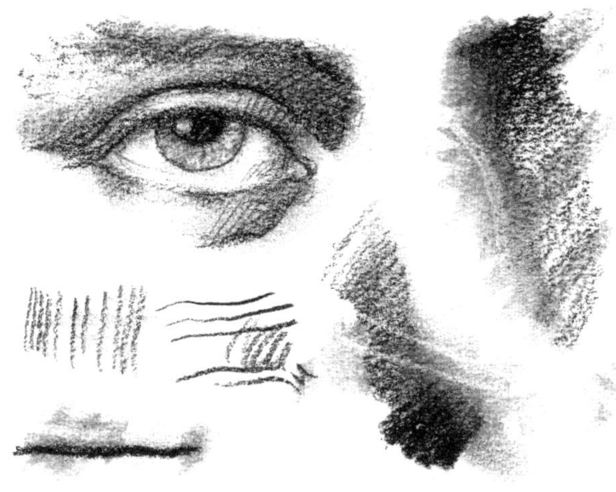

Einfarbiges Aquarell auf halb rauem Papier

Wasserlösliche Farben oder wasserverdünnte Tusche eignen sich sehr gut für Figurenstudien, vor allem für Gewänder. Aquarell steht allerdings der Malerei näher als der Zeichnung, da es mit dem Pinsel aufgetragen wird und einen Blick für den Gesamteindruck der Graustufen erfordert. Für schnelle Naturstudien nimmt man wasserlösliche farbige Blei- oder Grafitstifte, die Zeichnung kann dann leicht mit einem nassen Pinsel nachgearbeitet werden. In diesem Fall sollte man dickeren Karton verwenden, damit der Zeichengrund keine Wellen wegen der Feuchtigkeit wirft.

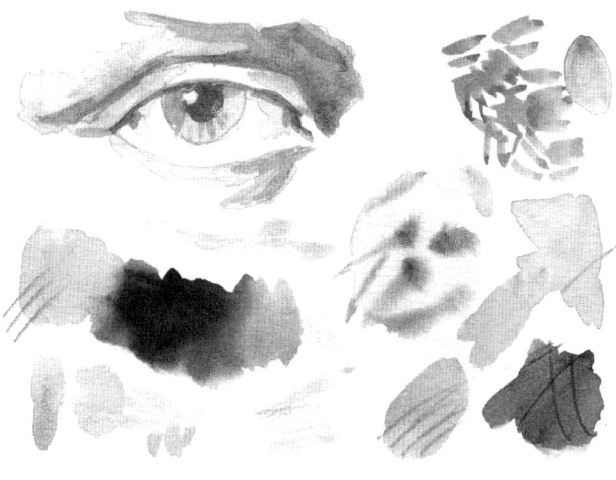

Bleistift, Tusche und weiße Tempera auf ungeleimtem Papier

Die gemischten Techniken benutzen unterschiedliche Werkzeuge für eine Zeichnung und versuchen damit ungewöhnliche Effekte zu erzielen. Es handelt sich immer noch um grafische Mittel, aber ihre Anwendung erfordert viel Übung und Kenntnis der Einzeltechniken, um einen konfusen Eindruck zu vermeiden. Sie sind sehr wirkungsvoll, wenn sie auf einen rauen farbigen oder gar dunklen Grund aufgebracht werden.

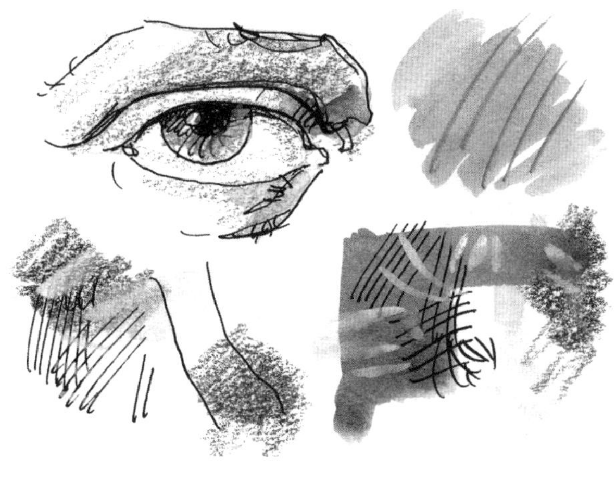

2 Praktische Überlegungen

D'abord trouver, après chercher - Erst finden, dann suchen
Jean Cocteau

Wo findet man Modelle?

Gelegenheit, bekleidete Figuren zu studieren und zu zeichnen, findet sich immer und überall und logischerweise sehr viel öfter und bequemer als für halb oder gar unbekleidete Figuren, wo wir auf den Zeichensaal oder den privaten Bereich angewiesen sind. Es reicht einfach, sich aufmerksam und neugierig ein wenig umzuschauen, um eine beinahe unbeschränkte Menge an Möglichkeiten zu finden, um sich im Zeichnen von Menschen zu üben, wie sie sich im Alltagsleben darstellen: auf Straßen und Plätzen, an öffentlichen Orten wie Parks, Spielplätzen, zoologischen Gärten, Bahnhöfen, Flughäfen, Gaststätten, Cafès, Büros, Theatern, Ausstellungen, Museen oder in Verkehrsmitteln, Bus, Bahn, Schiffen, aber vor allem Menschen in unserer eigenen unmittelbaren Umgebung, unsere Verwandten, Freunde, Arbeitskollegen, Mitschüler oder -studierende.
Die Gelegenheiten zu zeichnen sind mit anderen Worten so häufig, dass wir eher Schwierigkeiten haben werden, die richtige Wahl zu treffen.

Was für eine Zeichnung?

Man kann grob zwei Arten des Studiums unterscheiden:
A. Die schnelle Skizze nach der Anschauung, sozusagen eine grafische Notiz; sie beschränkt sich auf Haltung, Charakter, Gesten usw. des Modells, das wir beobachten (s. S. 43). Die Zeichnung wird mit wenigen Strichen in kurzer Zeit, in wenigen Minuten ausgeführt, um die Bewegung der Person(en) festzuhalten, die uns angezogen hat. Sie ist außerdem in der Regel auf handliche Dimensionen beschränkt, etwa auf ein Album oder einen Notizblock, und auf ein leicht verfügbares Werkzeug wie den Bleistift oder den Kugelschreiber. Da das Modell ohne sein Wissen wiedergegeben wird, sollte es natürlich auch nur aus einer gewissen Entfernung beobachtet werden, damit die Spontaneität und Natürlichkeit seiner Aktion nicht beeinträchtigt wird, auch wenn zum Glück für uns viele Personen so tun, als würden sie nicht bemerken, dass wir sie zeichnen.
B. Die Studie nach der Natur, die vielen der in diesem Buch abgebildeten Zeichnungen zugrunde liegt, ist technisch etwas anspruchsvoller, selbst wenn sie immer noch wie eine schnell und spontan hingeworfene Zeichnung ohne überflüssige Details wirken mag. Sie ist größer, entsteht in einer Zeitspanne von zehn Minuten bis einer halben Stunde und vor allem mit Wissen und Einverständnis der abgebildeten Personen. Wenn wir keine unbemerkt geschossenen Fotos als Vorlagen verwenden, fertigen wir eine Art Porträt an und das Modell weiß und sieht sehr genau, was wir tun. Dazu brauchen wir seine Zustimmung, aber im Unterschied zu einem Porträt im strengen Sinne sollten wir das Modell sich möglichst ungezwungen bewegen lassen.
Unter diesen Umständen kann es durchaus nützlich sein, auch eine Fotografie zu machen, wenn wir später die Studie nach dem Leben in einem ausgefeilteren Werk vervollständigen oder vertiefen wollen. Auf jeden Fall sollten wir uns mit unserem mehr oder weniger zufällig ausgewählten Modell absprechen und ihm die ausschließliche (nichtkommerzielle) Verfügung über die Studie zusichern.
Die Fotografie ist schließlich unersetzlich, wenn man kleine Kinder oder lebhafte Jugendliche abbilden will, um spontane Bewegungen und interessante, aber komplizierte Szenen festzuhalten.

Ausrüstung und Werkzeuge

Für eine weiter ausgearbeitete Studie sollte man die passenden Werkzeuge und Materialien mit sich führen, auch wenn man nur wenig Zeit hat: Bleistifte unterschiedlicher Gradation, Filzstifte, Farbstifte, Zeichenkohle, Wasserfarben usw. (s. Abschnitt 1), ferner einen mittelgroßen Zeichenblock (ca. 40 x 50 cm), eine Tasche mit verschiedenen Accessoires wie ein Schneidemesser, einen Lappen oder ein Papiertaschetnuch, einen Radiergummi, einen Wasserbehälter und einen Fotoapparat, entweder eine Sofortbildkamera oder eine Digitalkamera, um Dinge aufzunehmen, die sich nicht anders dokumentieren lassen, oder um Perspektive, Bildausschnitt oder Komposition zu prüfen.
Für fast alle Zeichnungen in diesem Buch habe ich Grafitstifte unterschiedlicher Gradation genommen sowie in einigen Fällen braune Aquarelltempera; dies ist eine einfache Technik, mit der man schnell und gezielt abschattierte Akzente setzen kann.

Lerne, das Gesehene zu vereinfachen

Für diese Art der Zeichnung ist es besonders wichtig zu lernen, das Beobachtete zu vereinfachen, also die vielfältigen Elemente, die eine menschliche Figur, insbesondere die bekleidete, ausmachen, auf die wesentlichen zu reduzieren und die Aufmerksamkeit auf die Haltung und den Gesamteindruck der Figur zu konzentrieren. Die Position, die sie einnimmt, muss auf jeden Fall spontan und zufällig erscheinen, als sei sie in einem unbeobachteten Moment und nicht in einer Sitzung aufgenommen worden; man muss auch so weit als möglich den Eindruck eines konventionellen, gestellten Porträts vermeiden, außer wenn dies ausdrücklich bezweckt wird (z. B. die Bilder S. 21, 24, 25, 30). Man sollte auch die Figur gegenüber ihrer Umgebung hervorheben und ihre Kleidung, ihren Schnitt, die Falten, die sie bilden, genau studieren, auf die räumliche Verteilung der Köperteile achten und wie sie sich in die Komposition einfügen, ebenso auf die Verteilung von hell und dunkel, auf das Spiel von Licht und Schatten usw.

Figur und Umgebung

Die Figur gegenüber ihrer Umgebung hervorzuheben bedeutet nicht, diese Welt um sie herum vollständig auszublenden. Eine Figur zu isolieren ist natürlich zulässig und kann oft einen schönen und beabsichtigten Effekt ergeben. Aber in vielen Fällen steht sie nicht allein und es kann durchaus sein, dass unser Interesse auch von den anderen Figuren um sie herum geweckt wird und der Gruppe, die sie bilden. Oder es kann auch nützlich sein, zu der Figur gewisse Elemente der Umgebung oder Gegenstände hinzuzufügen, die zu der Handlung gehören, die sie gerade ausführt (s. Abschnitt 10, S. 52). Dies dient vor allem dazu, die Darstellung deutlicher und lebendiger zu gestalten und die Figur nicht aus dem Leben herauszureißen und zu isolieren, in dem sie ja gerade unsere Aufmerksamkeit erregt hat und uns zu einer künstlerischen Darstellung inspirierte.

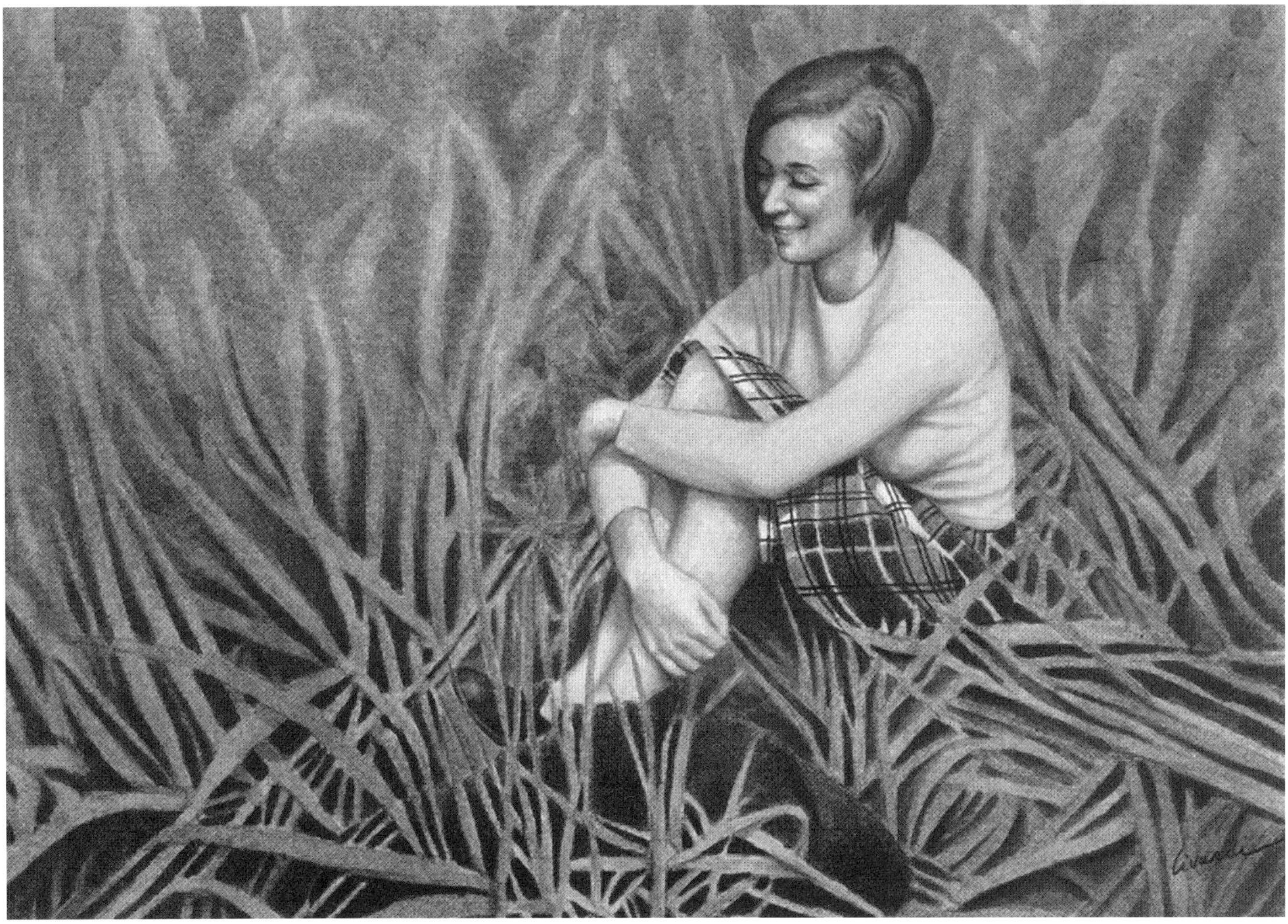

Bild zur Erzählung „Vertrautheit“, 1992, Acryl auf Spanplatte, 35 x 50 cm.

3 Proportionen und Anatomie

Die Kenntnis der menschlichen Anatomie, und sei sie auch oberflächlich, ist für den Künstler nützlich, weil er so erst den nackten oder bekleideten Körper in korrekter Proportion und seinen Absichten entsprechend wiedergeben kann. Die Beobachtung des lebenden Modells kann also vervollständigt werden durch das Studium des allgemeinen anatomischen Aufbaus des menschlichen Körpers, die für die Beschreibung seiner äußeren Formen wichtig ist und sich in der vom Skelett getragenen Muskelmasse ausdrückt, die wiederum von der Haut überzogen ist.
Die Proportionen können als die Verhältnisse der Teile des Körpers zueinander aufgefasst werden. Aus diesen Verhältnissen kann man eine Anzahl von Regeln ableiten, einen Kanon, der es dem Künstler erleichtert, den Menschen anhand seiner natürlichen Erscheinung nach den Maßstäben seiner ästhetischen Vorstellungen darzustellen.

In diesem Schema habe ich die Hauptunterschiede des männlichen und des weiblichen Körpers im Erwachsenenalter einander gegenübergestellt. Sie betreffen in der Hauptsache den Aufbau des Skeletts und die Verteilung von Muskelmasse, Fettgewebe und Haarwuchs. Der Vergleich macht die durchschnittlich kleinere Statur der Frau deutlich und ihr breiteres Becken, weitere bekannte Unterschiede sind die Brüste, das üppigere Gesäß, die stärkere Biegung von Schulter und Hüfte usw.

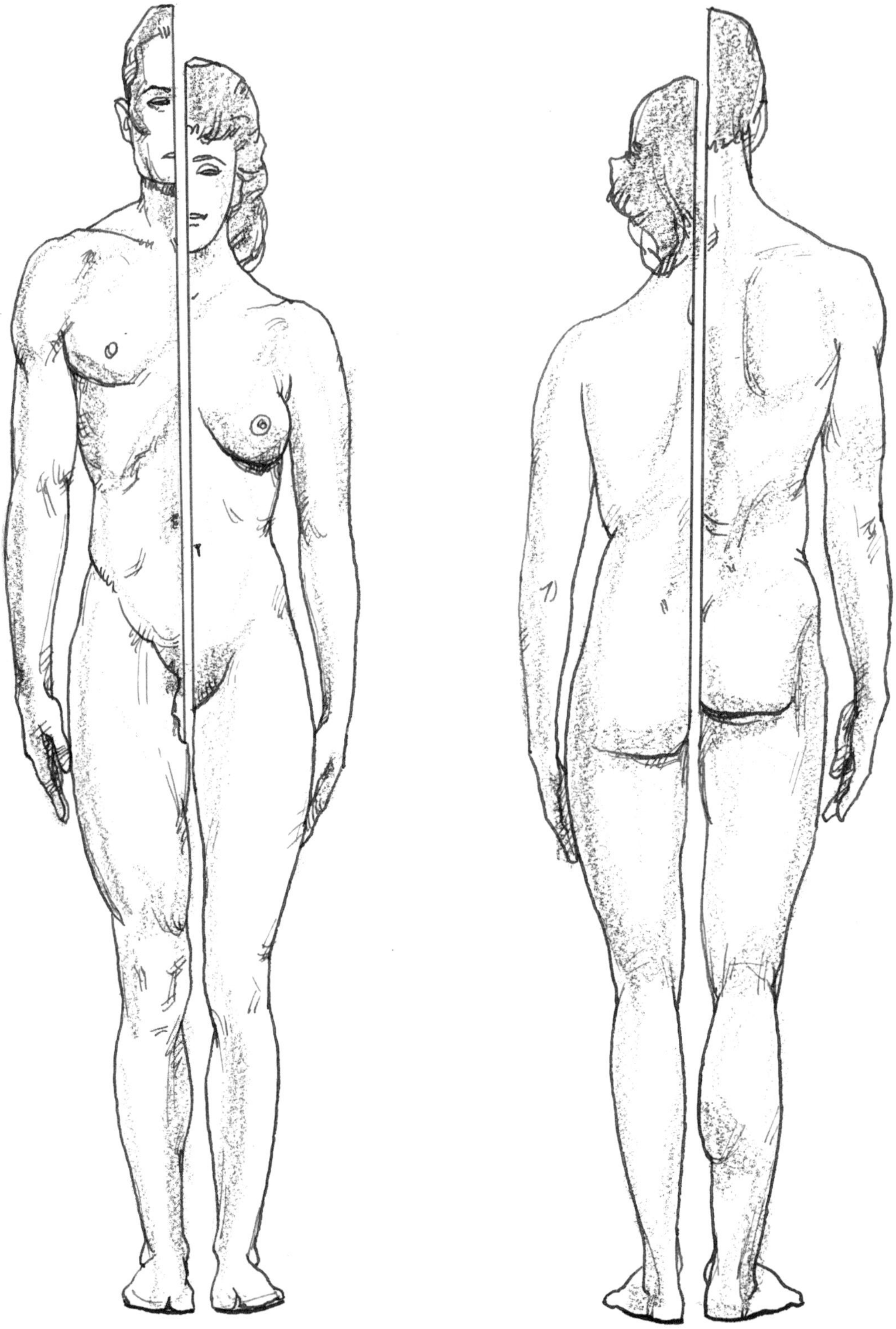

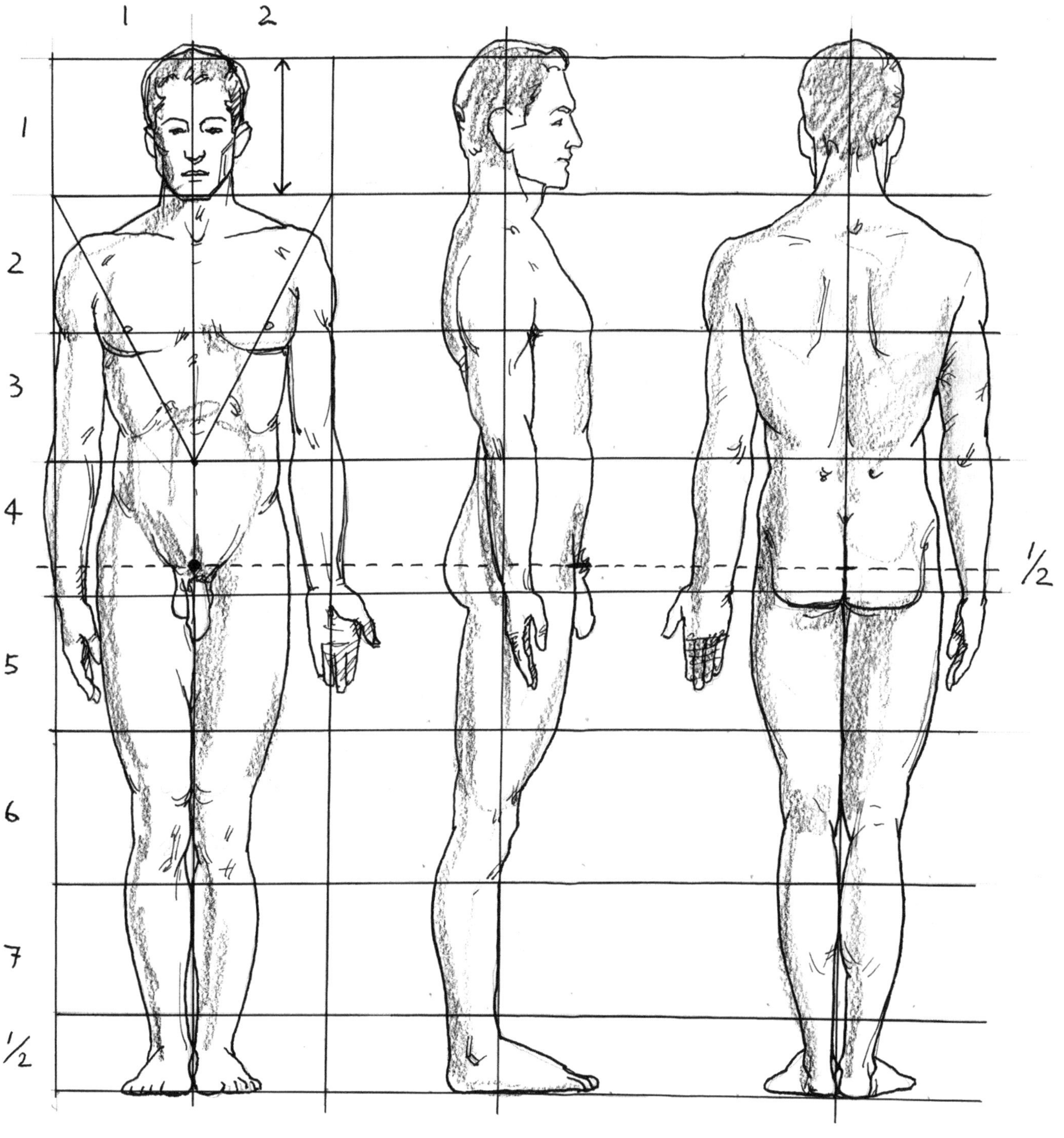

Ein nützlicher Kanon für eine naturnahe Darstellung der menschlichen Figur ist der hier am Beispiel des Mannes illustrierte wissenschaftliche Proportionsaufriss. Die Maßeinheit ist die Höhe des Kopfes; ihr entspricht also die Körpergröße im siebeneinhalbfachen Verhältnis, die Schulterbreite beträgt zwei Maßeinheiten usw. Der Mittelpunkt in Bezug auf die Körpergröße liegt direkt über dem Geschlecht, bei der Frau ein wenig höher. Das auf die Figur aufgebrachte Gitternetz in der Vorderansicht verdeutlicht hinreichend die Beziehung der Proportionen zu den entsprechenden Punkten am Körper.

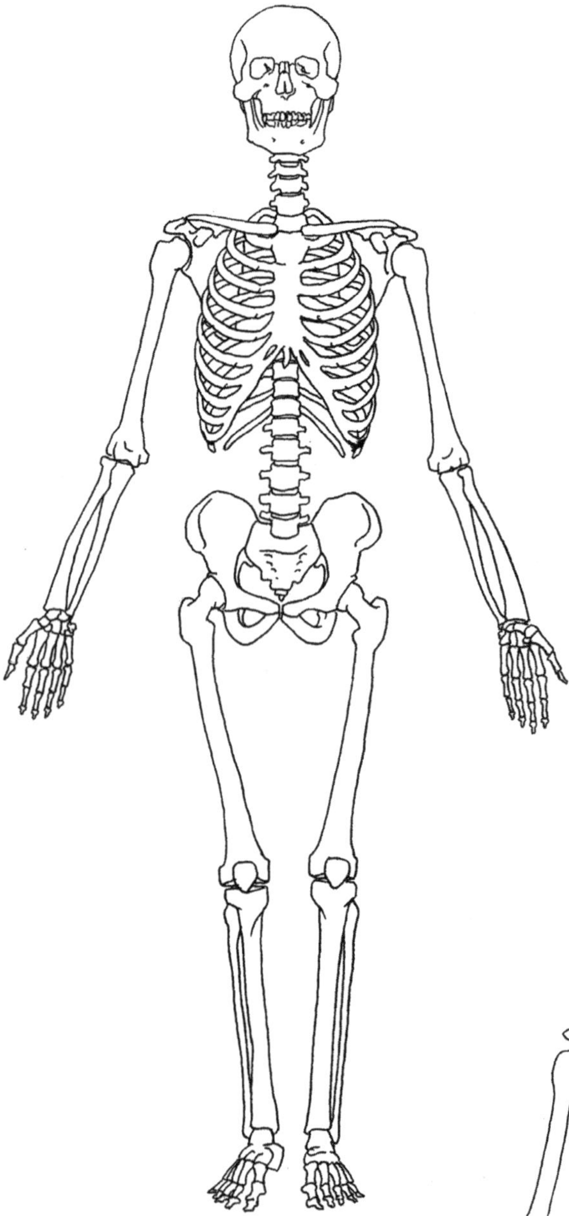

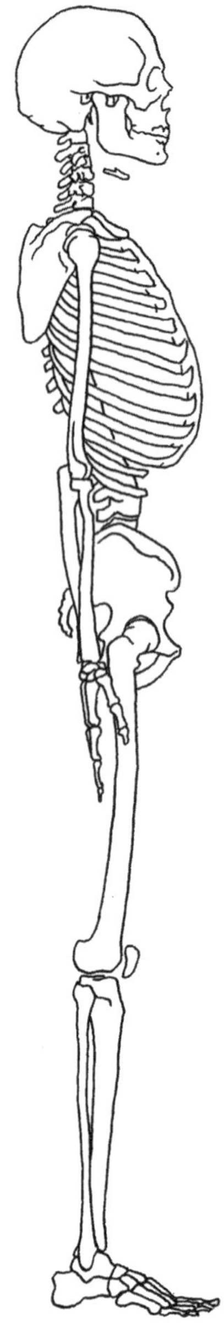

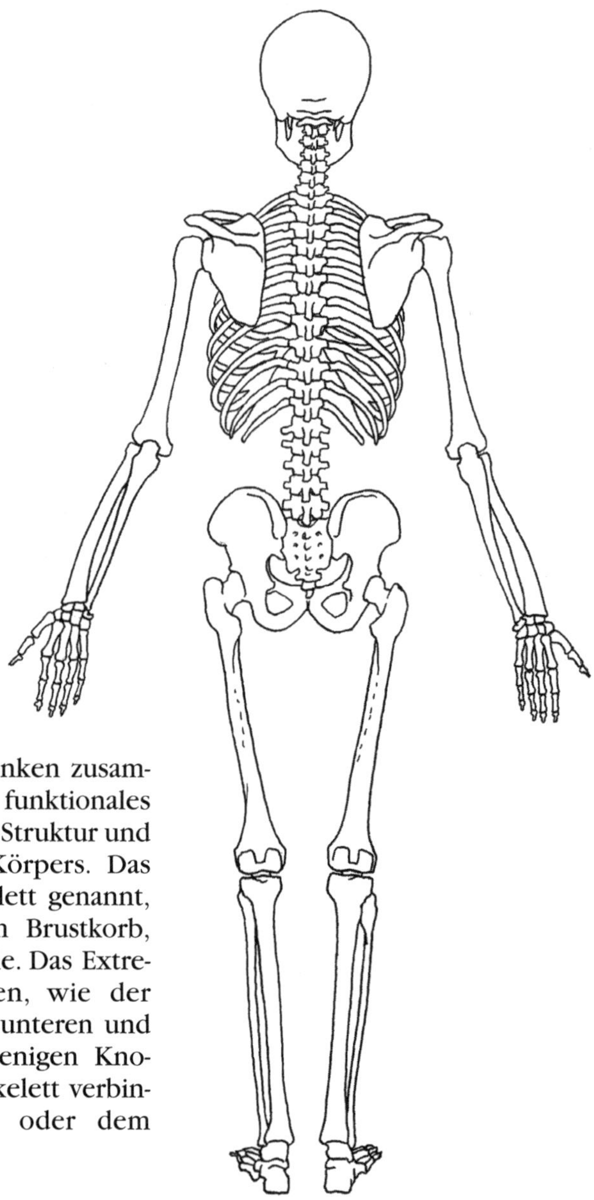

Die Knochen, die von den Gelenken zusammengehalten werden, bilden als funktionales Ganzes das Skelett, die tragende Struktur und den Halt des menschlichen Körpers. Das Rumpf-Skelett, auch axiales Skelett genannt, besteht aus dem Schädel, dem Brustkorb, dem Becken und der Wirbelsäule. Das Extremitätenskelett besteht dagegen, wie der Name schon nahelegt, aus den unteren und oberen Extremitäten und denjenigen Knochen, die sie mit dem axialen Skelett verbinden, wie dem Schlüsselbein oder dem Schulterblatt.

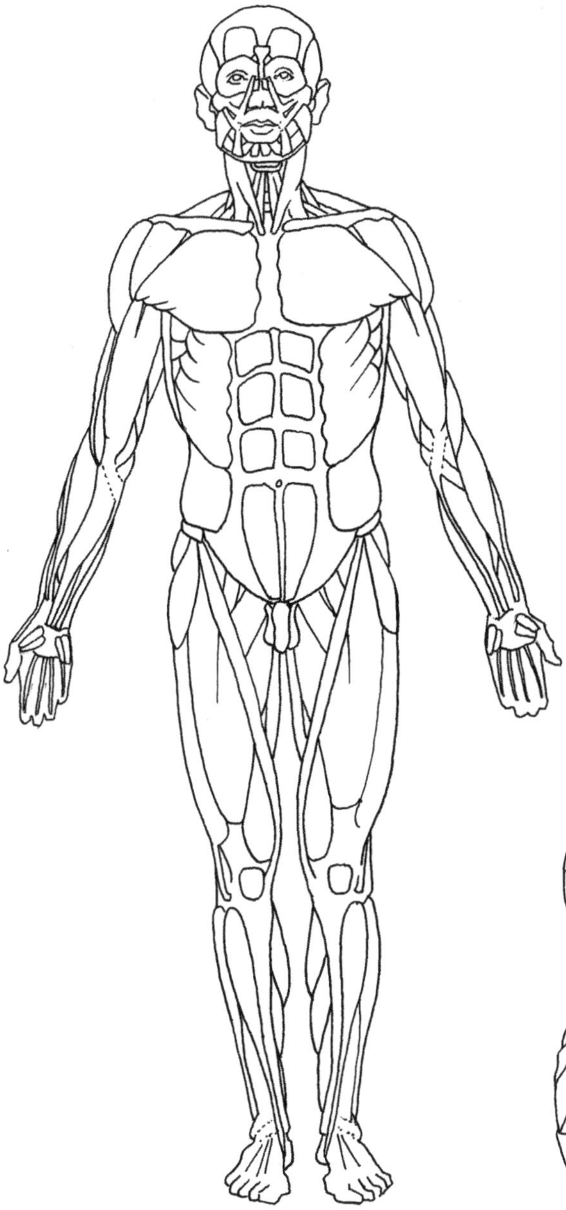

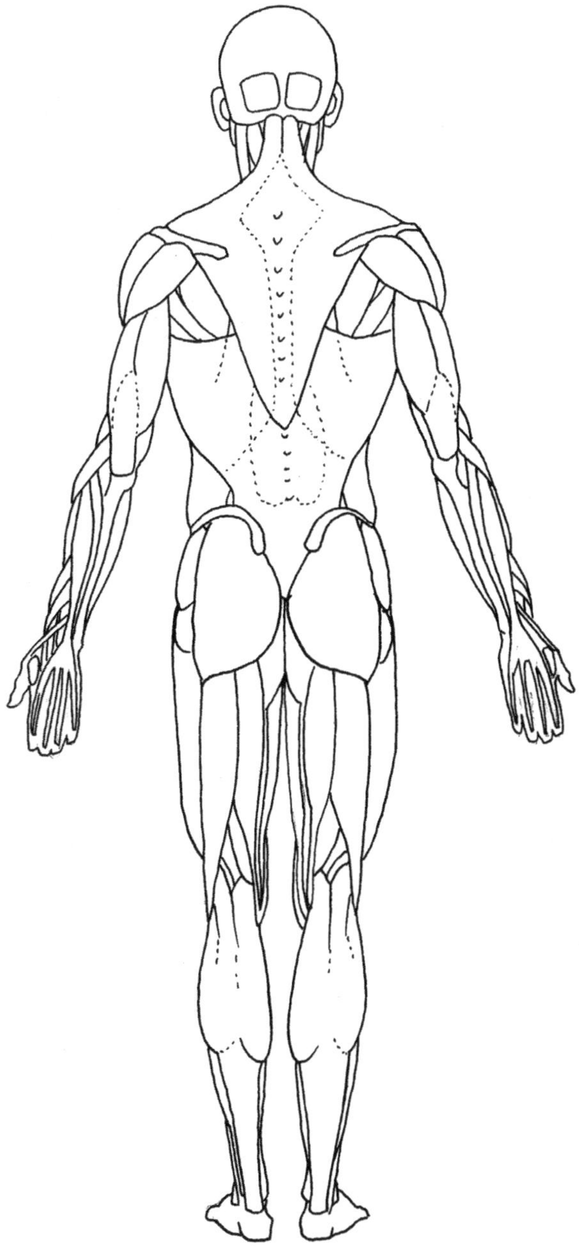

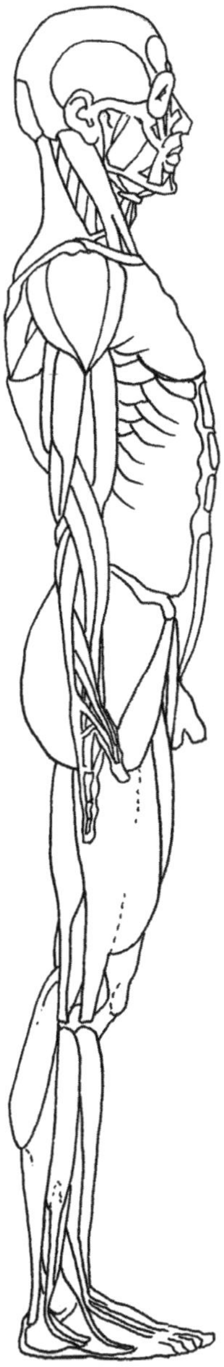

Die Skelettmuskeln tragen zu einem großen Teil zur äußeren Erscheinung des Körpers bei, und da sie sich verkürzen und verdicken, wenn sie sich zusammenziehen, verändert sich diese Erscheinung mit der jeweiligen Handlung und der Intensität, mit der sie ausgeführt wird. Die für den Künstler besonders wichtigen Muskeln liegen direkt an der Oberfläche des Körpers unter der Haut. Mit einem anatomischen Atlas lassen sich leicht die einzelnen Muskeln und ihre Eigenschaften unterscheiden, die ich hier in dem zusammenfassenden Schema abgebildet habe*.

* Die Behandlung der Anatomie in diesem Buch ist nur als Einladung gedacht, sich mit diesem Thema einmal näher zu beschäftigen, da es für die künstlerische Darstellung des menschlichen Körpers wesentlich ist.

4 Nackt oder bekleidet? Die Drapierung

Das Studium von Drapierungen erlaubt es ohne großen Aufwand den Verlauf der Falten nachzuverfolgen und darzustellen, wie sie sich bei verschiedenen Arten von Textilien bilden. Für uns ist natürlich in erster Line wichtig, wie sich das Gewand auf dem menschlichen Körper verhält; es ist leicht zu sehen, dass es sich ihm auf verschiedene Weise anpasst und seine anatomischen Eigenheiten ahnen lässt, indem es dort eng anliegt, wo es gespannt wird, und Faltenbäusche bildet, wo es entspannt und gestaucht wird.

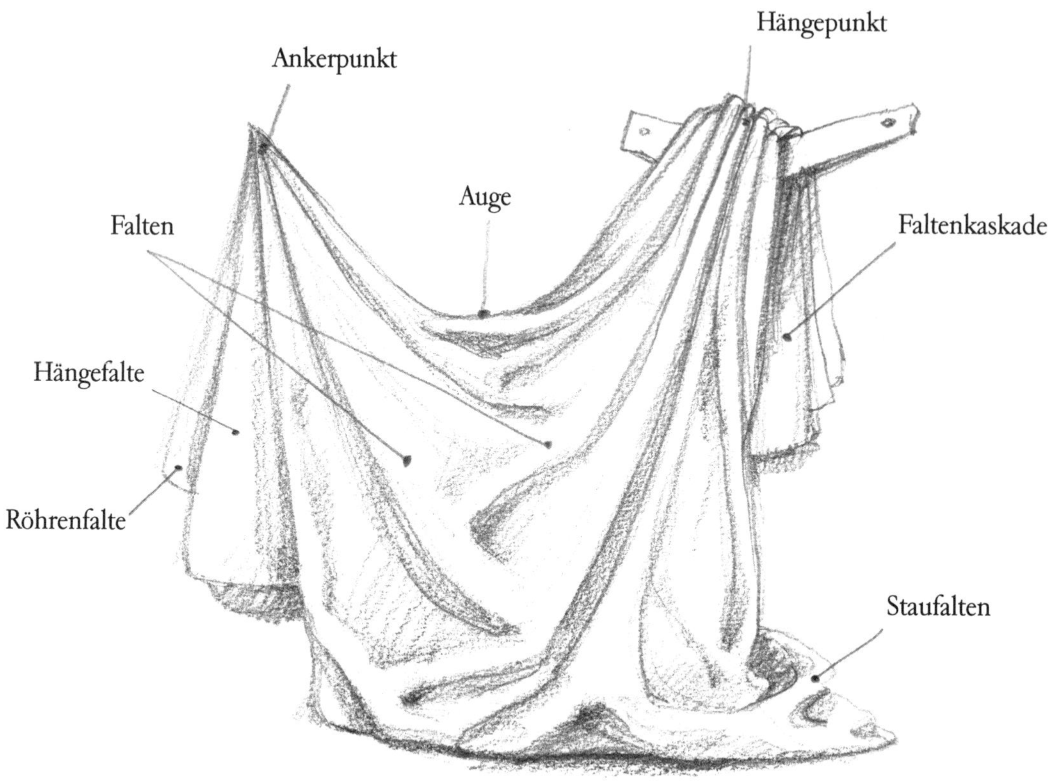

In der Schemazeichnung oben habe ich die möglichen Faltenbildungen eines Gewandstücks aufgezeigt, das an zwei Punkten aufgehängt ist. Je nach Dichte und Eigenschaft des Stoffes fallen sie einfacher oder reicher aus.

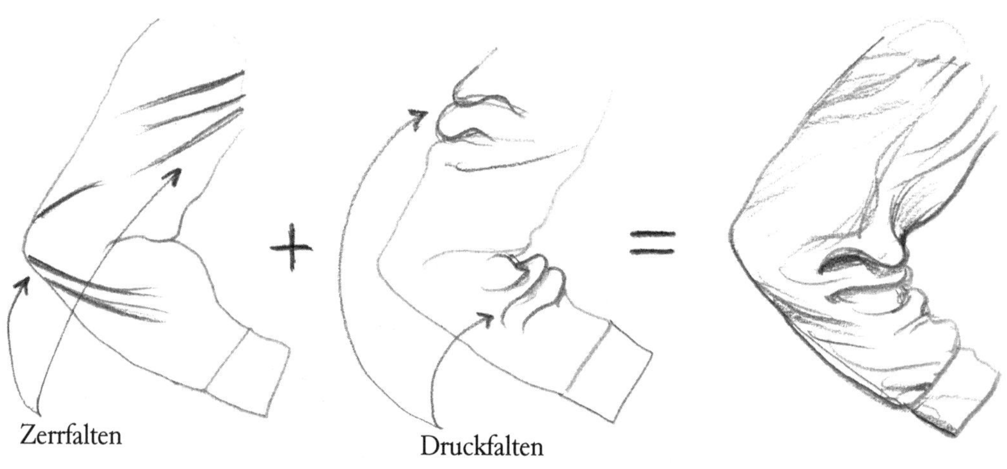

Der Ärmel von einem Hemd ist ein schönes Beispiel, wie sich Falten bei der Beugung des Arms bilden: wenn der Stoff gezerrt wird; hier laufen sie in der Regel an dem gebeugten Gelenk zusammen, an der Innenseite des gebeugten Arms wird der Stoff hingegen gestaut und verdichtet sich.

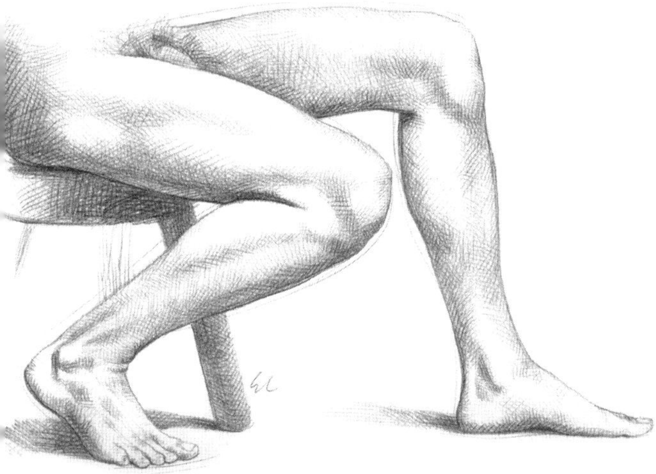

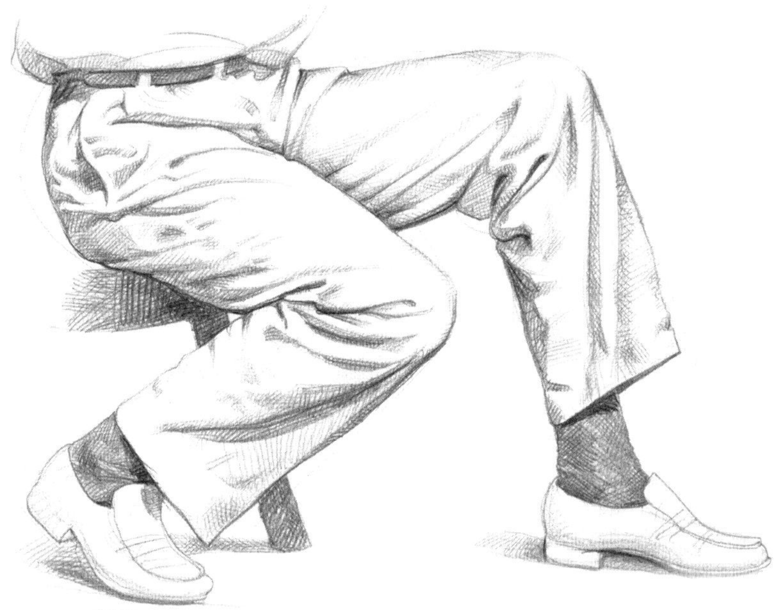

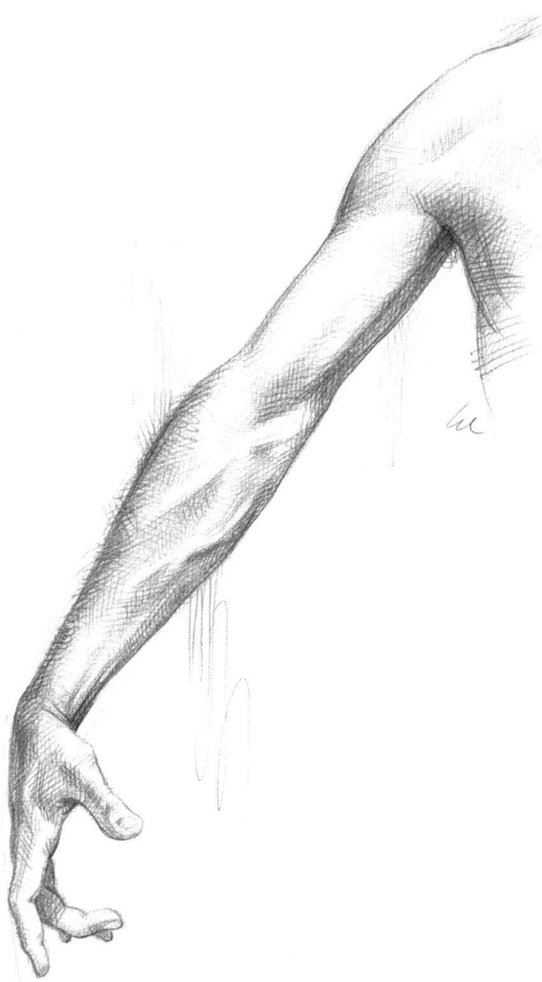

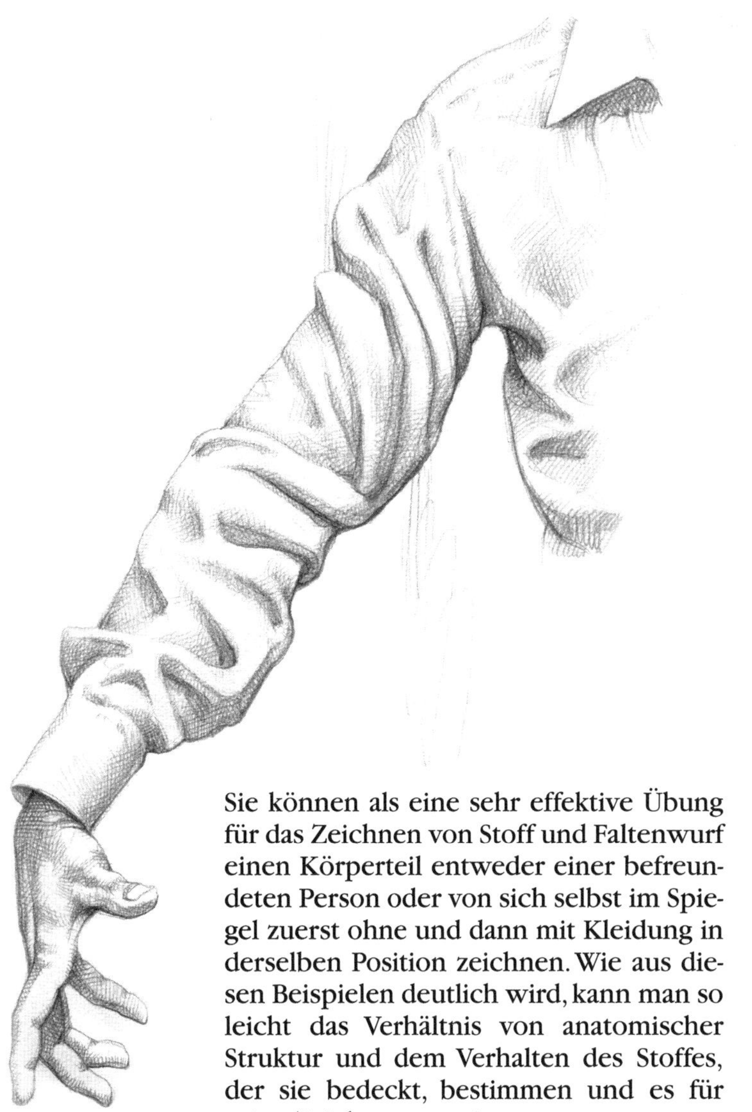

Sie können als eine sehr effektive Übung für das Zeichnen von Stoff und Faltenwurf einen Körperteil entweder einer befreundeten Person oder von sich selbst im Spiegel zuerst ohne und dann mit Kleidung in derselben Position zeichnen. Wie aus diesen Beispielen deutlich wird, kann man so leicht das Verhältnis von anatomischer Struktur und dem Verhalten des Stoffes, der sie bedeckt, bestimmen und es für seine Zeichnungen einsetzen.

5 *Kopf, Hände, Füße*

Die Skizzen nach der Natur von Personen sind häufig eine Art von Porträt, auch wenn aus unterschiedlichen Gründen eine wirkliche Porträtähnlichkeit nicht beabsichtigt war. Es handelt sich auf jeden Fall darum, diejenigen Körperteile korrekt wiederzugeben, die normalerweise von der Kleidung nicht bedeckt werden, vor allem der Kopf und die Hände. Dennoch können auch diese gelegentlich Kleidungsstücke tragen wie etwa einen Hut oder Handschuhe, und Schuhe trägt man eigentlich fast immer. Es ist daher wichtig, dasselbe, was ich über das Verhältnis von Körper und Kleidung gesagt habe, auch in diesem Falle zu beachten und ausführlich das Verhältnis von anatomischer Struktur und Bekleidung zu studieren, insbesondere so wie sie auf S. 15 illustriert sind.

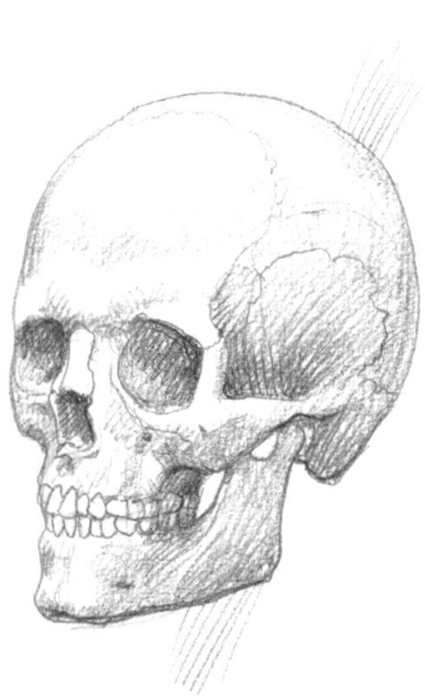

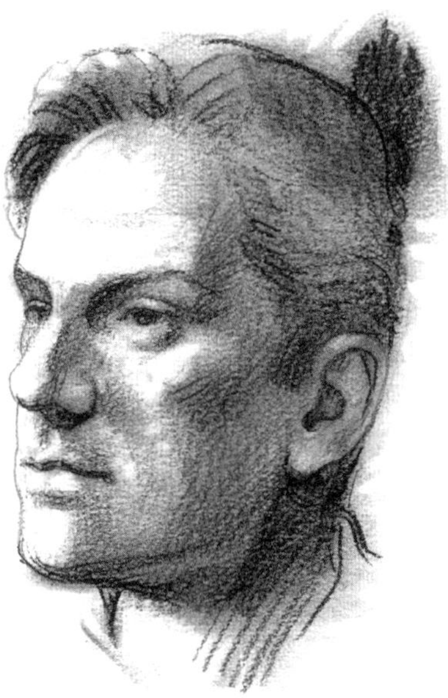

Die äußere Form des Kopfes ist in großem Maße von der Bildung des Schädels abhängig, inbesondere dort, wo das Gewebe, das ihn bedeckt, besonders dünn ist, also auf der Stirn, dem Nasenrücken, an den Jochbeinen, am Kinn und am Kiefer. Man muss nur mit dem Finger die entsprechenden Partien berühren und mit den anderen vergleichen, um ihre unterschiedliche Konsistenz zu erfassen.

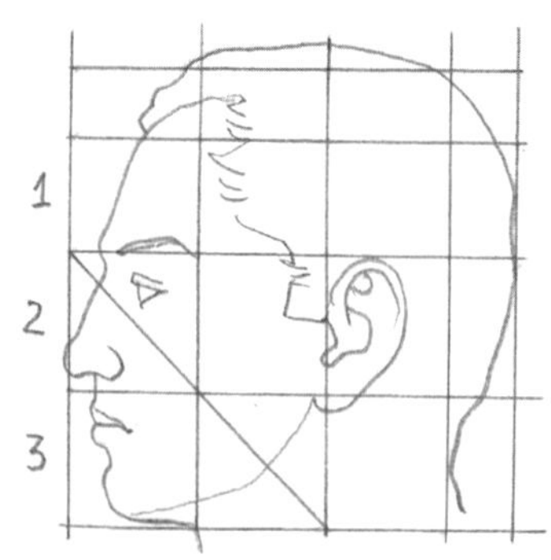

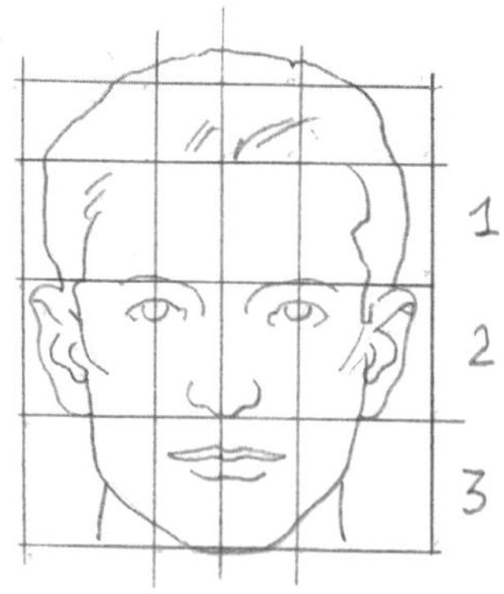

Der typische ideale Kopf verfügt über ein definiertes Proportionsschema, und selbst minimale Abweichungen im Verhältnis der einzelnen Teile bilden dann die physiognomischen Züge der Individuen. Aus dem nebenstehenden Schema ist leicht ersichtlich, dass der Kopf in seiner Höhe in drei gleich hohe, waagerechte Abschnitte unterteilt werden kann oder dass der Abstand der Pupillen ein wenig größer ist als die Länge der Lippen usw.

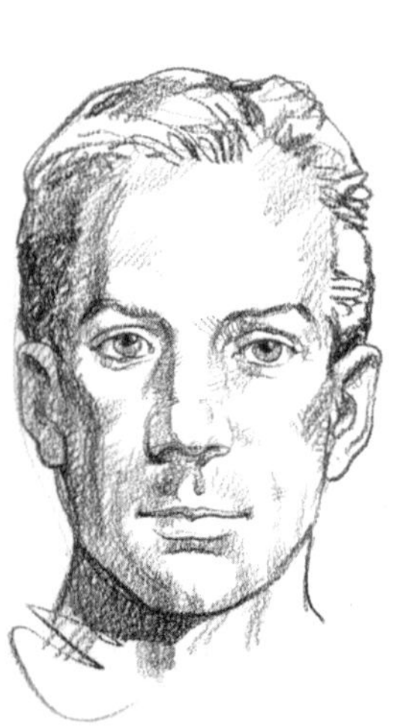

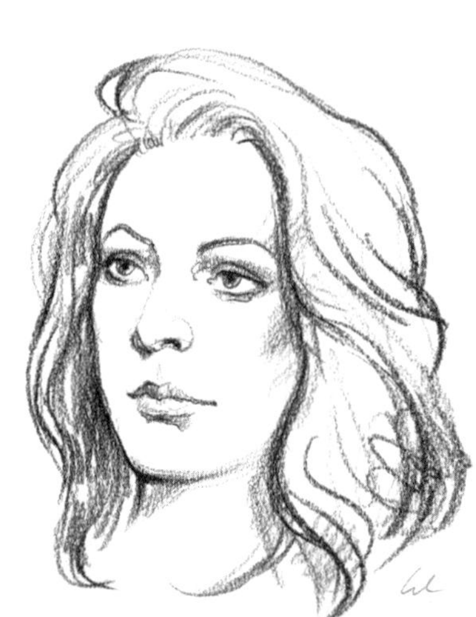

Die männliche und weibliche Kopfform unterscheidet sich in einigen kleinen, aber charakteristischen Details. So ist der männliche Kopf etwas größer, das Gesicht ist eckiger und massiger im Vergleich zum weiblichen. Dieser ist dagegen eher gerundet mit weicheren Konturen usw. Es gibt noch sehr viel mehr signifikante Unterschiede, die hier nicht aufgeführt werden können; dazu verweise ich auf den Band „Porträts" dieser Serie.

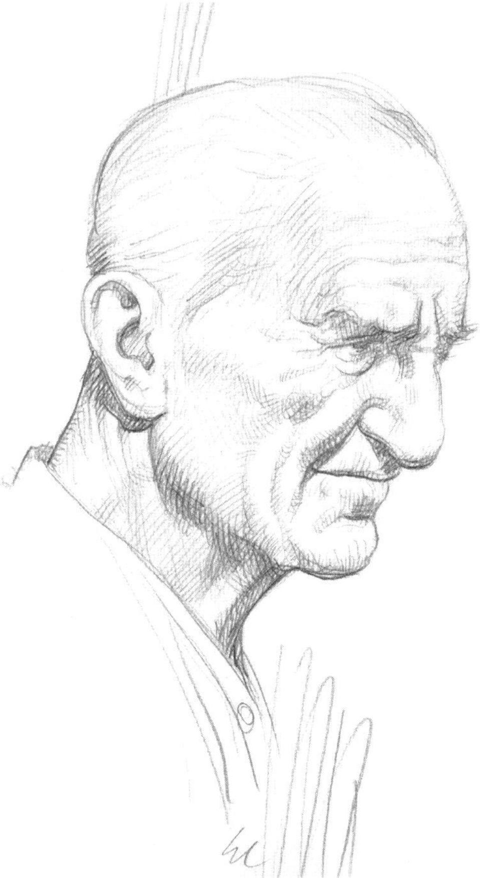

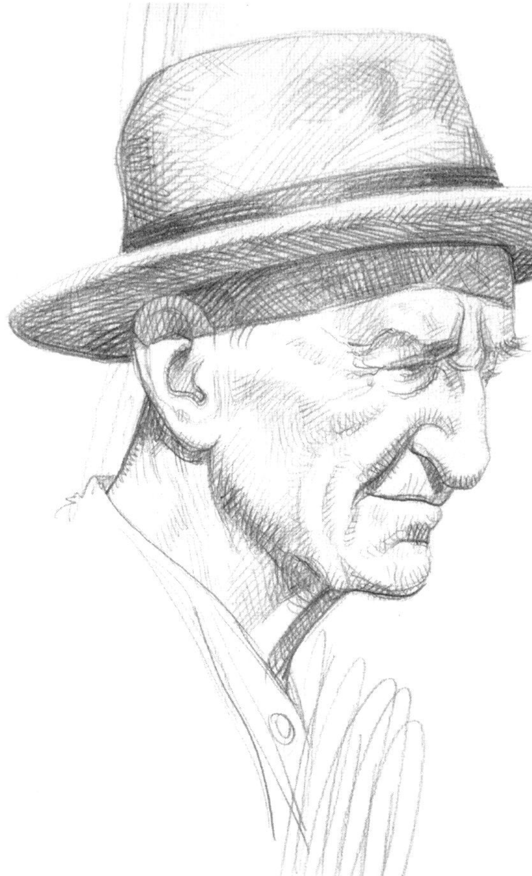

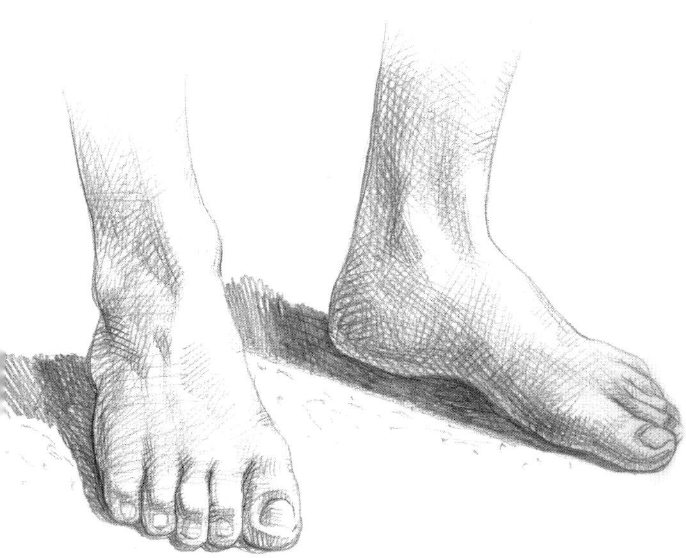

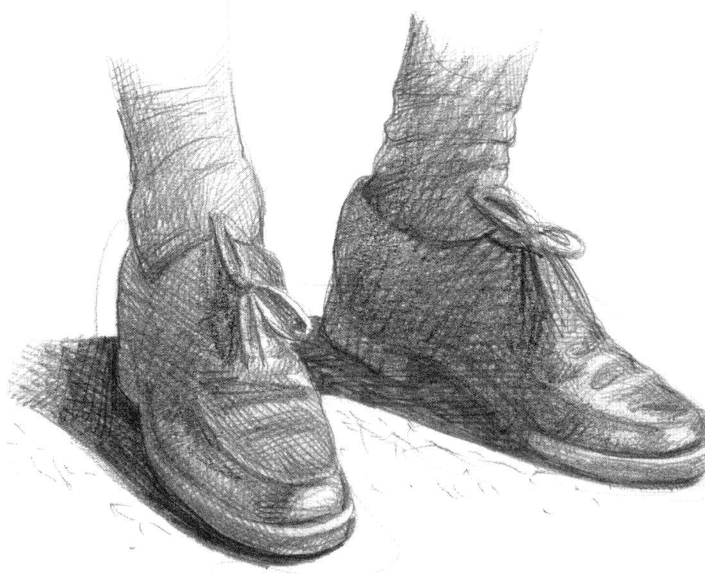

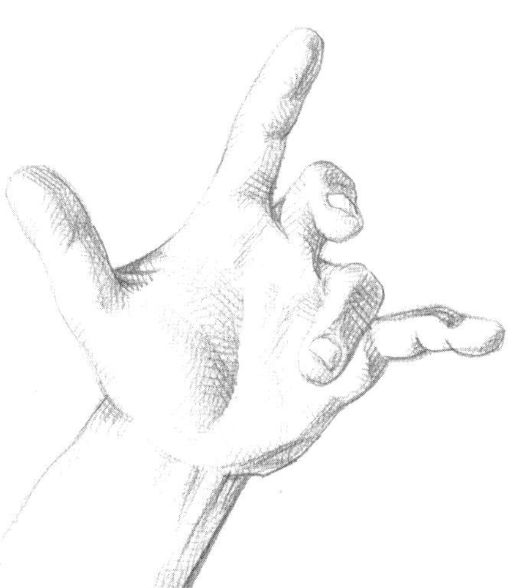

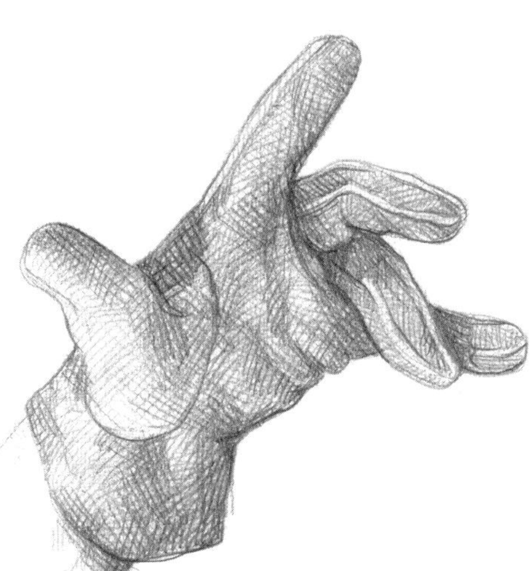

Nicht nur die Bekleidung im eigentlichen Sinne, auch Kopfbedeckung, Schuhwerk und Handschuhe bedecken die Körperformen und passen sich ihnen zugleich an. Diese werden in unterschiedlicher Weise dadurch verunklärt, aber ihre Struktur und ihr Zusammenhang muss dennoch darunter als Grundgerüst zu erkennen oder zumindest zu erahnen sein.

6 Beispiele für die Praxis

Auf den Seiten dieses Abschnitts möchte ich die Abfolge der einzelnen wichtigsten Schritte aufzeigen, in denen man beim Studium des Modells vorgehen muss, um von der ersten oberflächlichen Skizze systematisch zu einer ausgearbeiteten Zeichnung (S. 21) zu gelangen. Die Abfolge mag zunächst ein wenig konstruiert und pedantisch erscheinen, aber das automatische Beherrschen erleichtert später das Zeichnen nach der Natur, wo man nur beschränkt Zeit hat, einen flüchtigen Augenblick einzufangen.

1. Schritt: Größenverhältnis und Umriss. Zuerst bestimmt man das Verhältnis von Größe und Breite des abzubildenden Modells im Verhältnis zu dem Bildausschnitt und dem gewählten Format des Zeichengrundes und umfährt annähernd die Konturen und die Gewichtsverteilung der abzubildenden Figur.

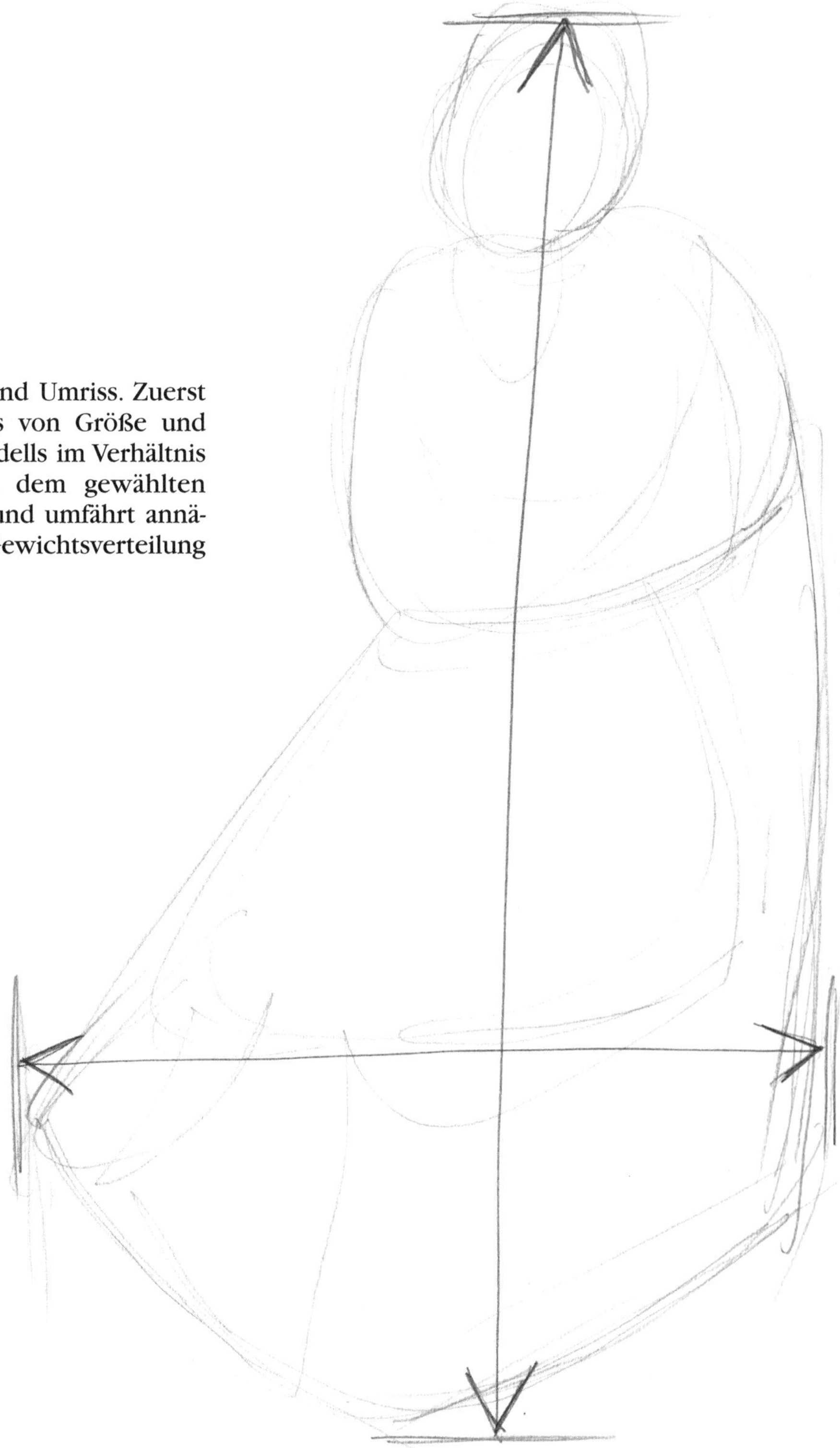

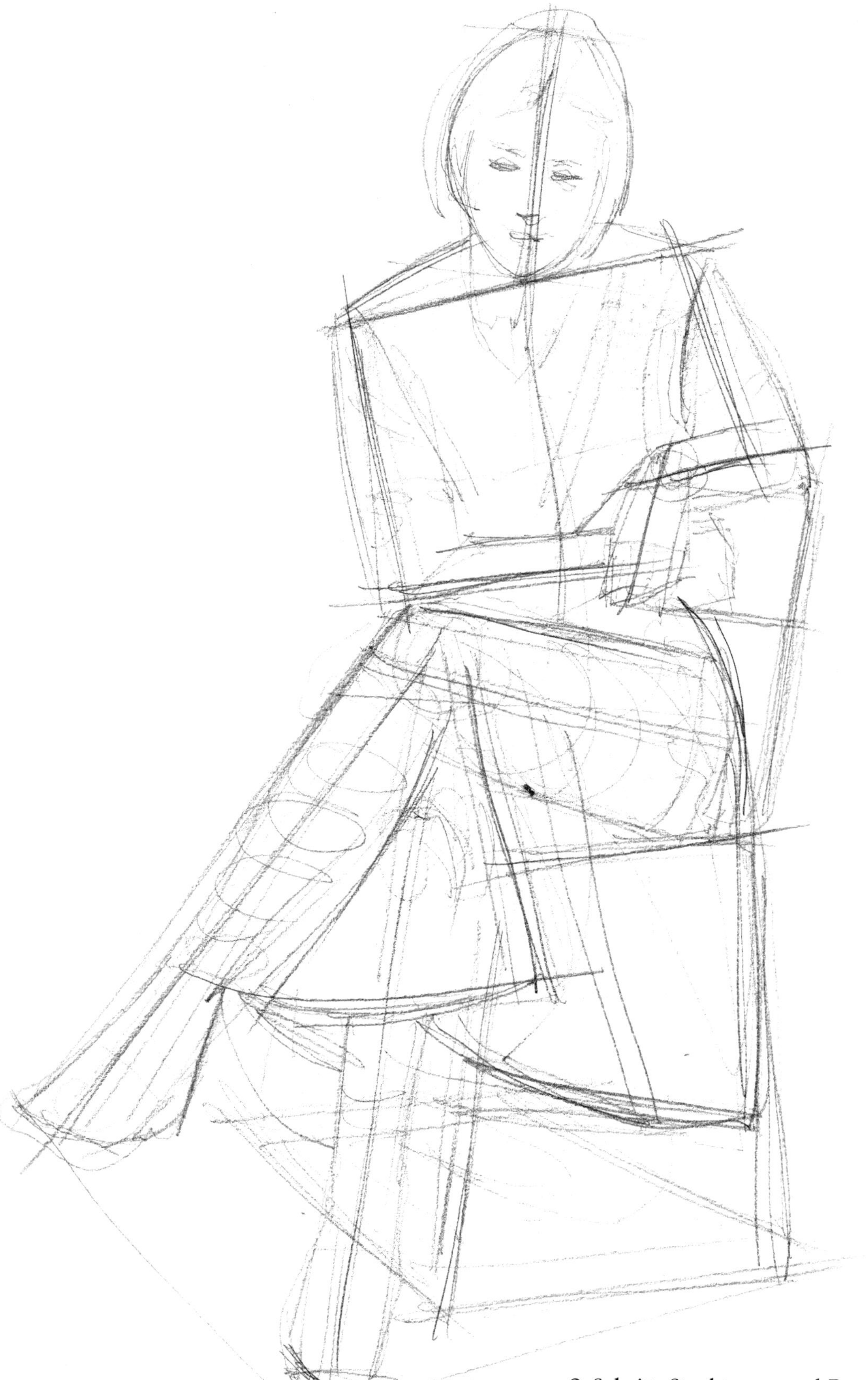

2. Schritt: Strukturen und Proportionen. Hier werden die Hauptlinien der Figur herausgearbeitet, die Hauptachsen der Extremitäten, das perspektivische Verhältnis, in dem sich die einzelnen Körperteile zueinander befinden, die Neigung der Schulterachse. Bei diesem Schritt sollte man mit leichtem Strich das geometrische Schema des Aufbaus der Figur skizzieren, um die Gesamthaltung der Figur zu erfassen und vor allem ihre anatomische Struktur unter der Bekleidung.

3. Schritt: Entwurf. Hier werden die schematischen Linien des Aufbaus der Figur des vorherigen Schritts durch lockere natürliche und spontane Umrisslinien ersetzt und die wesentlichen Einzelheiten der Figur in ihren Konturen herausgearbeitet: Kopf, Arme, die Füße mit den Schuhen, die Bekleidung, die Sitzgelegenheit usw. Hier werden auch z. B. die Hauptfalten von Rock und Bluse angegeben sowie der Umriss der verschatteten Bereiche.

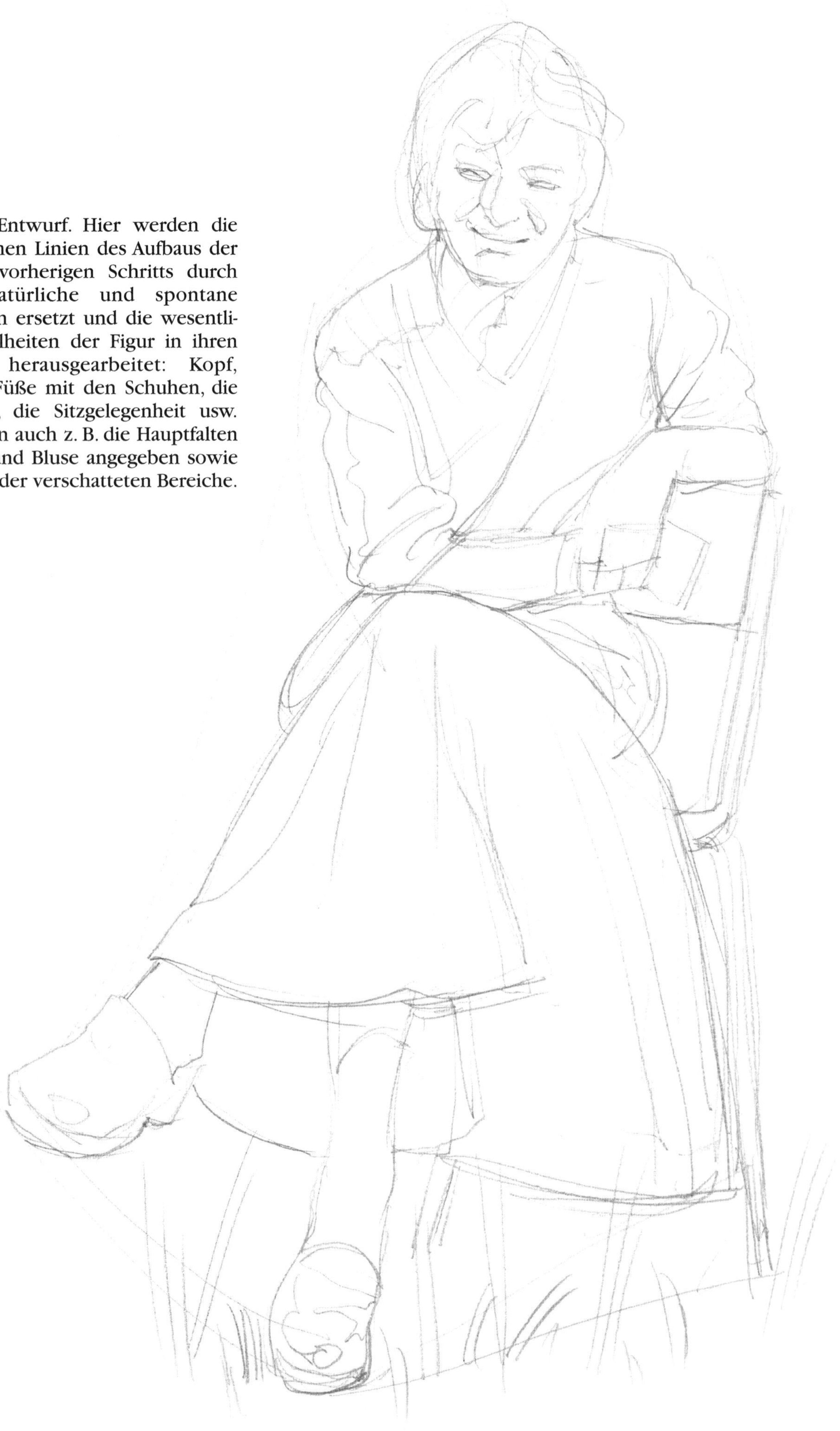

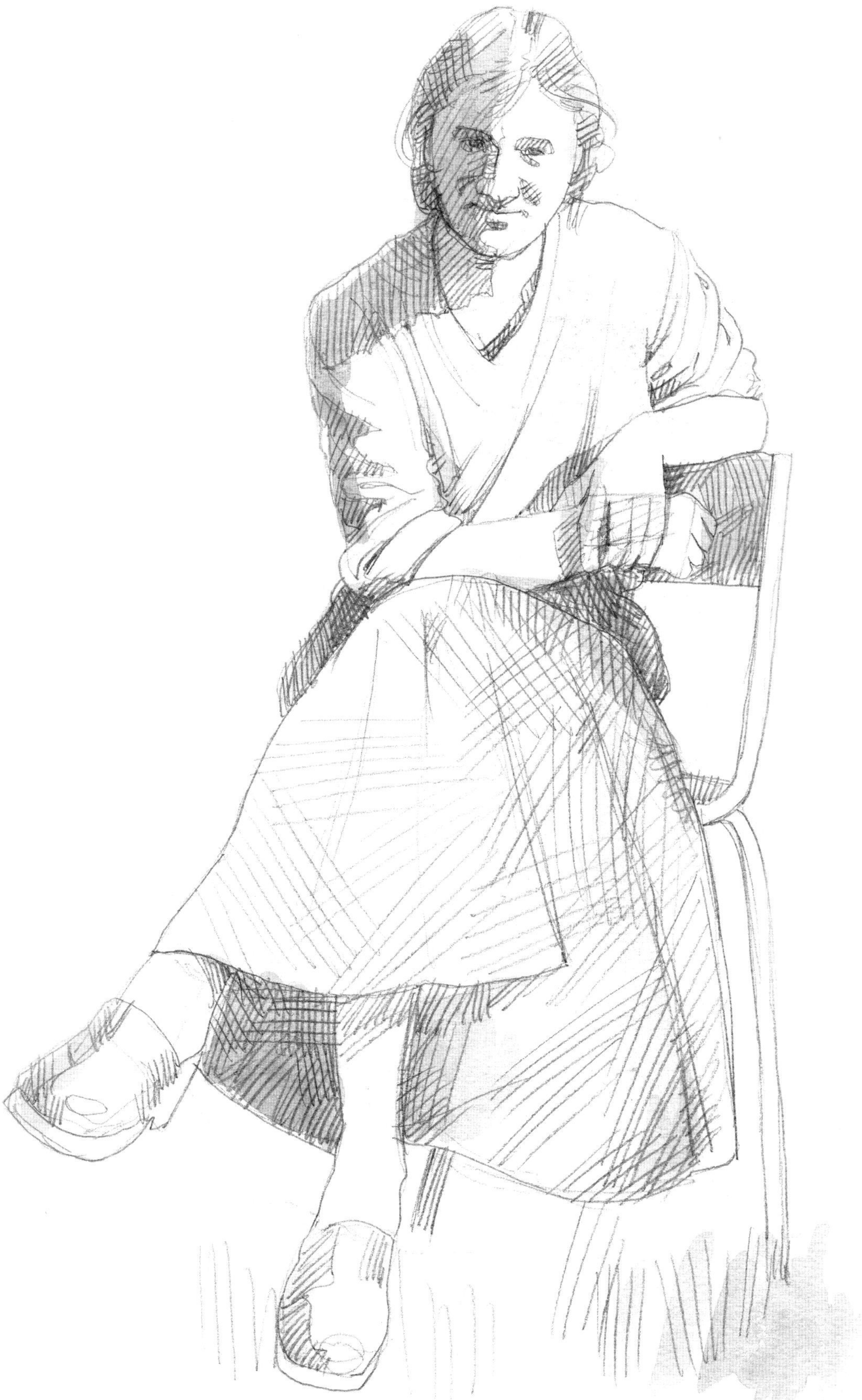

4. Schritt: Angabe der abschattierten Bereiche. Jetzt werden die Umrisse der einzelnen Partien klarer angegeben und vor allem das räumliche Volumen herausgearbeitet, indem man die wesentlichen Schattenbereiche akzentuiert, ohne sich zu sehr den Zwischentönen zu widmen. Hier habe ich außer mit schnellen und dünnen Bleistiftstrichen auch mit einzelnen Akzenten in brauner, sehr verdünnter Tempera gearbeitet.

5. Schritt: Ausarbeitung der Schatten und Modellierung der Figur. Jetzt nähert sich die Zeichnung langsam ihrer Vollendung, auch wenn sie weiter den Charakter einer Skizze aufweist. Die Arbeit mit dem Stift wird feiner und dichter, um das körperliche Volumen, die Falten der Bekleidung, die Zwischentöne der Schattierung und das Gras der Wiese besser hervorzuheben. Ein wenig Aquarell für die gedeckten Partien ist sehr wirkungsvoll gerade für diese Art schneller und skizzenhafter Figurenzeichnung.

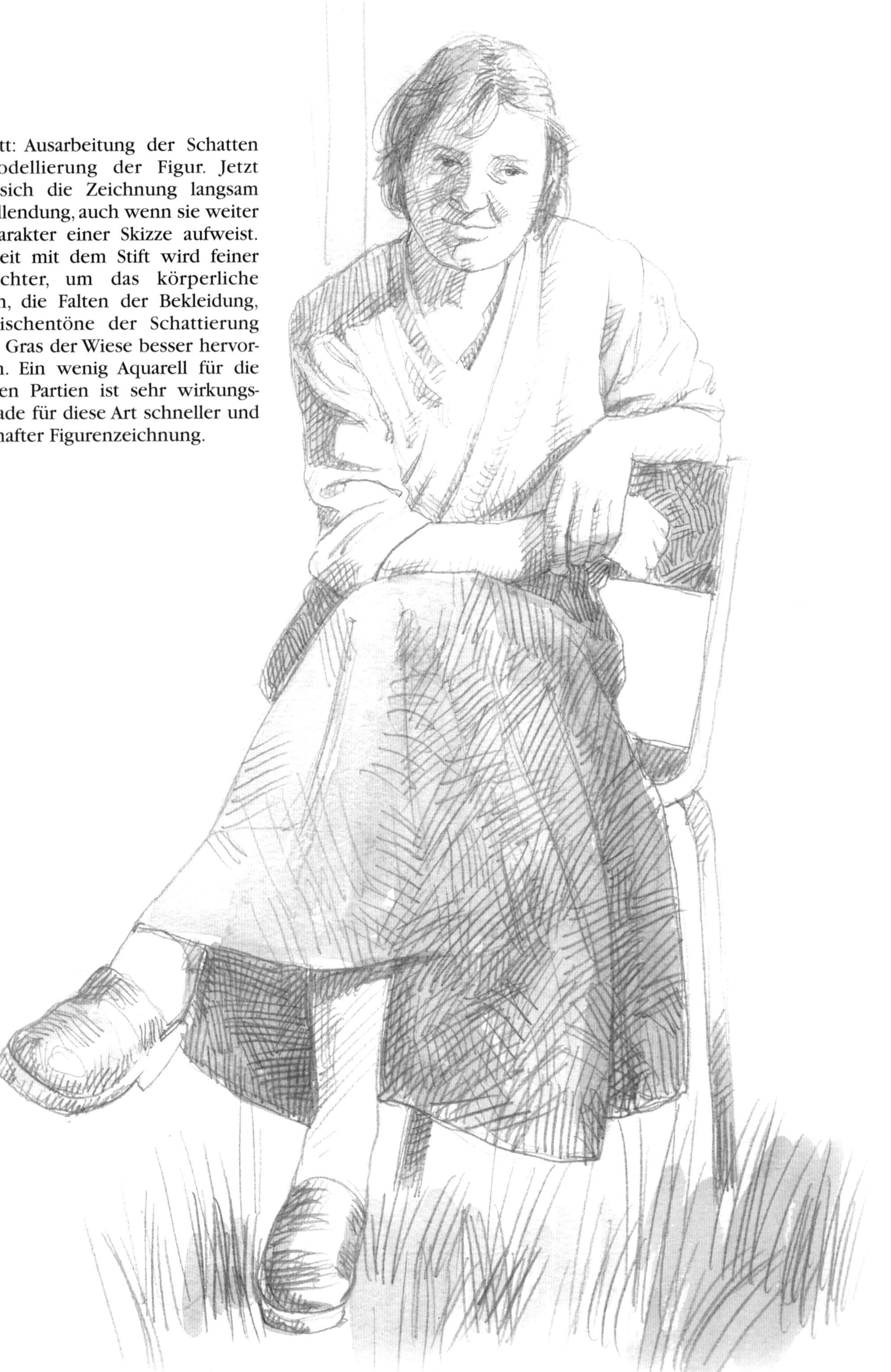

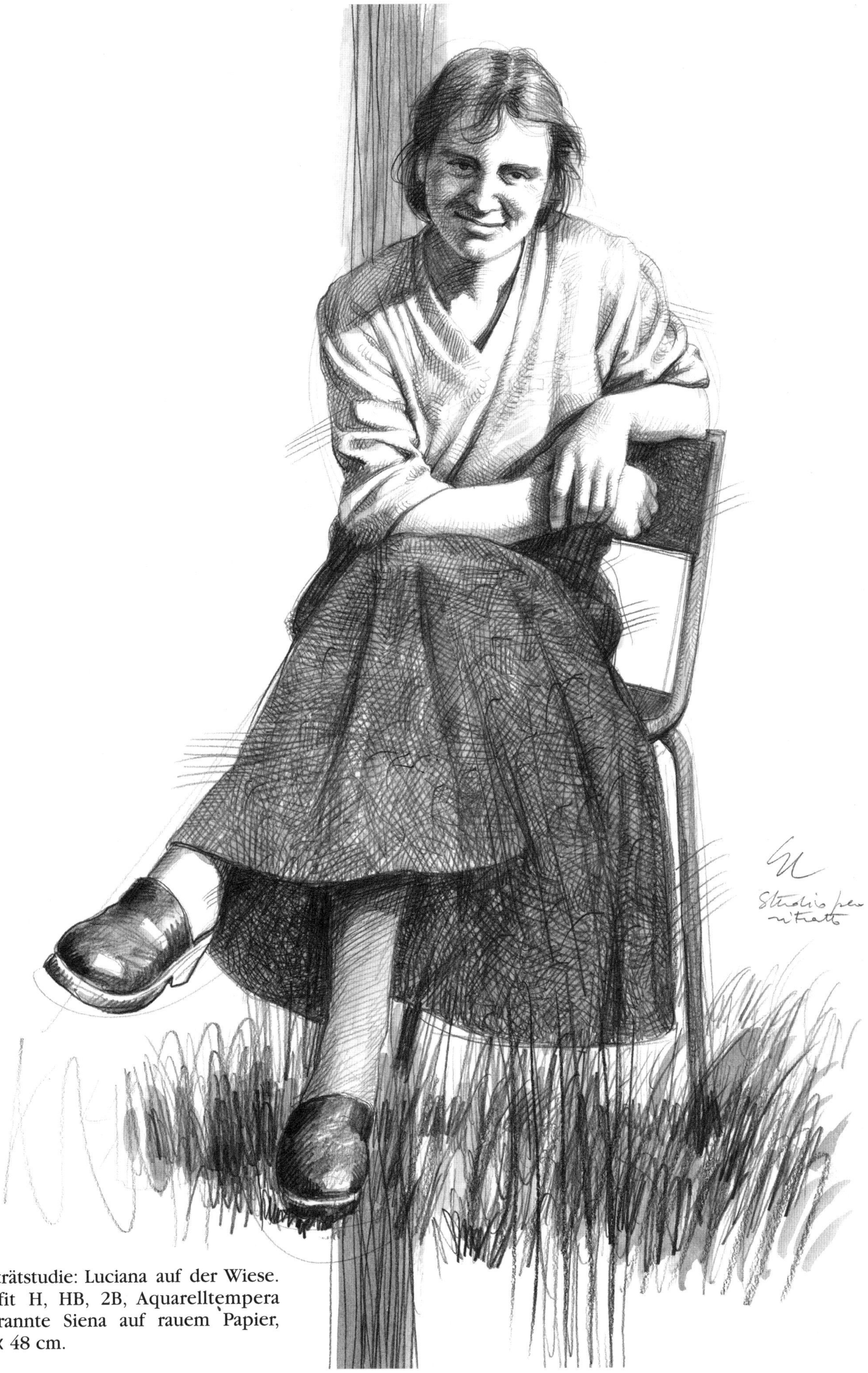

Porträtstudie: Luciana auf der Wiese. Grafit H, HB, 2B, Aquarelltempera gebrannte Siena auf rauem Papier, 33 x 48 cm.

7 Figuren und Personen des Alltags

Ob in der Stadt oder auf dem Land, wo immer Sie wohnen oder sich gerade aufhalten, werden Sie keine Schwierigkeiten haben, Menschen zu finden, die bereit sind, für Ihre Zeichnungen Modell zu sitzen, wenn Sie klug genug sind, ihre Bereitschaft nicht allzu sehr zu strapazieren. Sie können z. B. Verwandte oder Freunde dabei porträtieren, wie sie ihre Hausarbeiten verrichten, ihrem Beruf nachgehen oder sich entspannen. Oder Sie lassen sich an einem Ort nieder, der viel von Touristen besucht wird, die gerne spontane und entspannte Haltungen einnehmen, manchmal für einen längeren Zeitraum, der Ihnen Gelegenheit gibt, eine ausführlichere Studie zu erstellen. (S. 23, 28, 33 usw.).
Wenn Sie Kinder zeichnen wollen, ist die Situation natürlich ein wenig komplizierter, weil sie nun mal sehr lebhaft zu sein pflegen. Aber zuweilen gelingt es ja, ihre Aufmerksamkeit zu fesseln, etwa indem man sie in ein Spiel verwickelt, sodass sie eine Weile stillhalten.

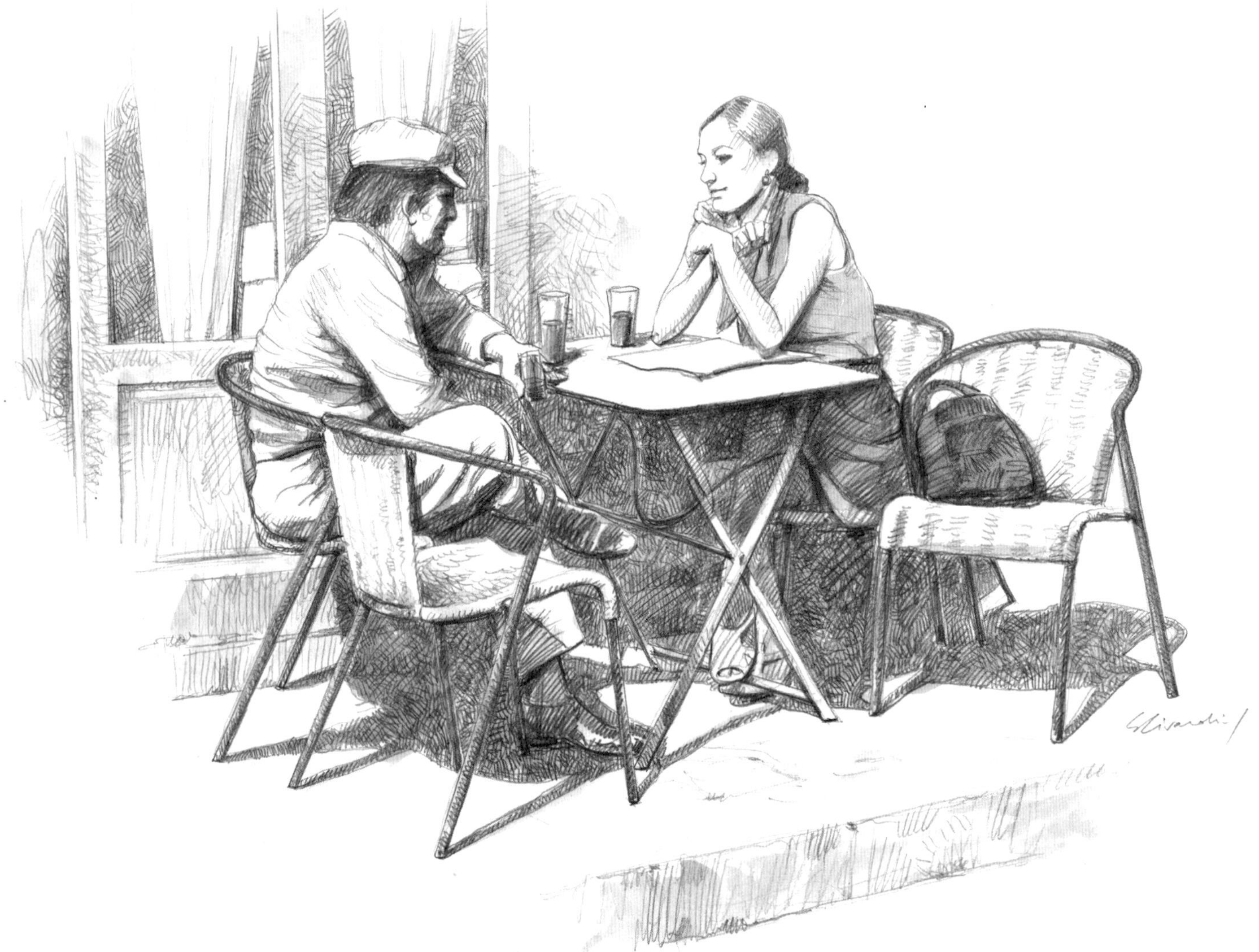

Unterhaltung auf dem Montmartre, Paris.
Grafit H, HB und Sepia auf rauem Papier, 33 x 45 cm.

Menschen, die an einem Cafétisch im Freien an einem Touristenort in ein Gespräch vertieft sind, halten sich vermutlich dort für eine längere Zeit auf, sodass man sie dort relativ bequem, aber dennoch mit gebührender Schnelligkeit abbilden kann. In diesem Fall habe ich die Zeichnung in zwei Schritten ausgeführt: in einem ersten habe ich die Personen skizziert, in einem zweiten habe ich die ganze Umgebung, die Stühle, den Tisch ausgearbeitet, die immer vor dem Café stehen und denen man sich deswegen in Ruhe widmen kann. Das helle direkte Sonnenlicht ruft tiefe und klar umgrenzte Schatten hervor, die gleichzeitig eine räumliche Tiefe erzeugen, vor der sich die Profile der Figuren mit ihren ausgearbeiteten plastischen Volumen gut abzeichnen.

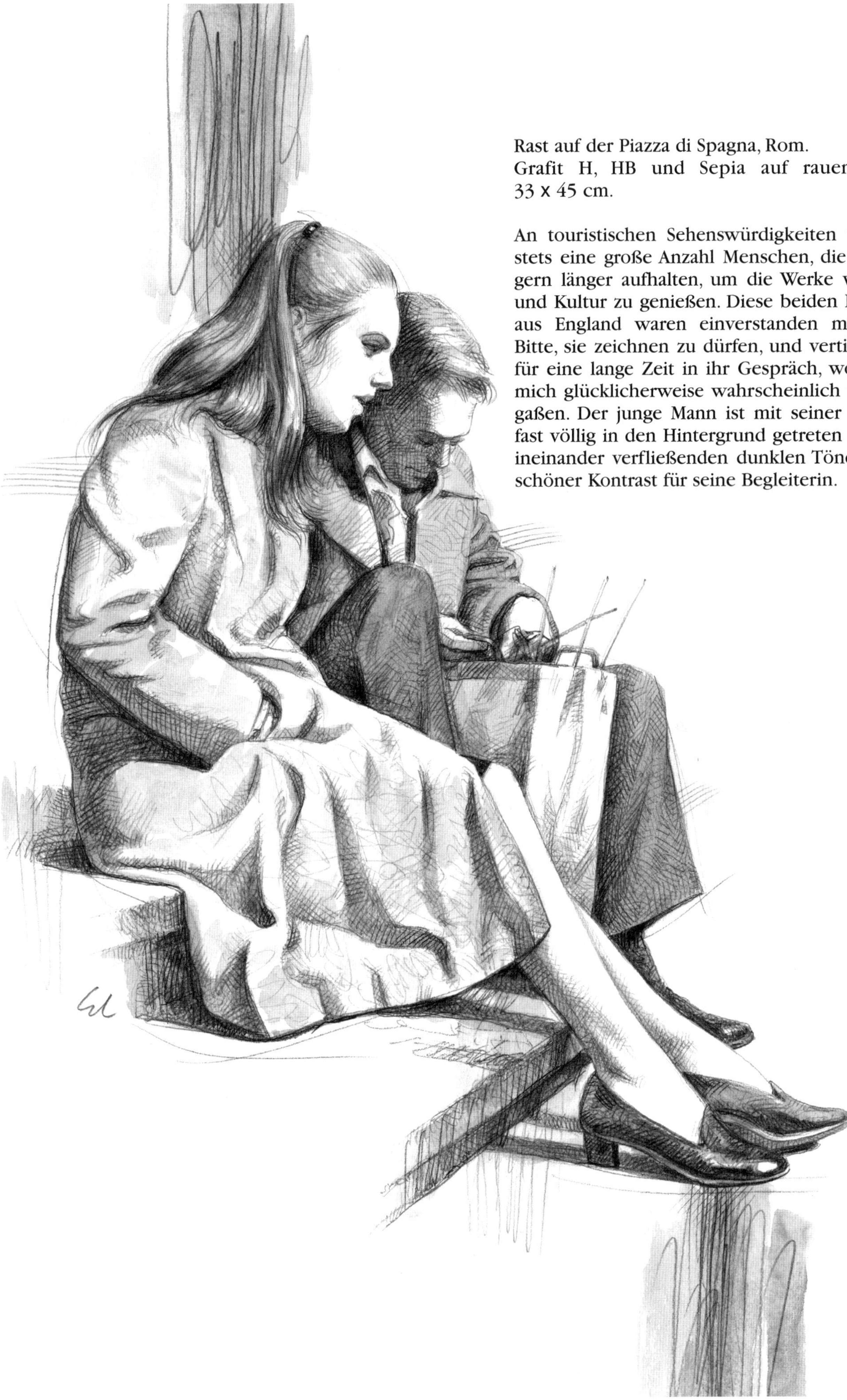

Rast auf der Piazza di Spagna, Rom.
Grafit H, HB und Sepia auf rauem Papier, 33 x 45 cm.

An touristischen Sehenswürdigkeiten trifft man stets eine große Anzahl Menschen, die sich dort gern länger aufhalten, um die Werke von Kunst und Kultur zu genießen. Diese beiden Reisenden aus England waren einverstanden mit meiner Bitte, sie zeichnen zu dürfen, und vertieften sich für eine lange Zeit in ihr Gespräch, worüber sie mich glücklicherweise wahrscheinlich völlig vergaßen. Der junge Mann ist mit seiner Handlung fast völlig in den Hintergrund getreten und seine ineinander verfließenden dunklen Töne sind ein schöner Kontrast für seine Begleiterin.

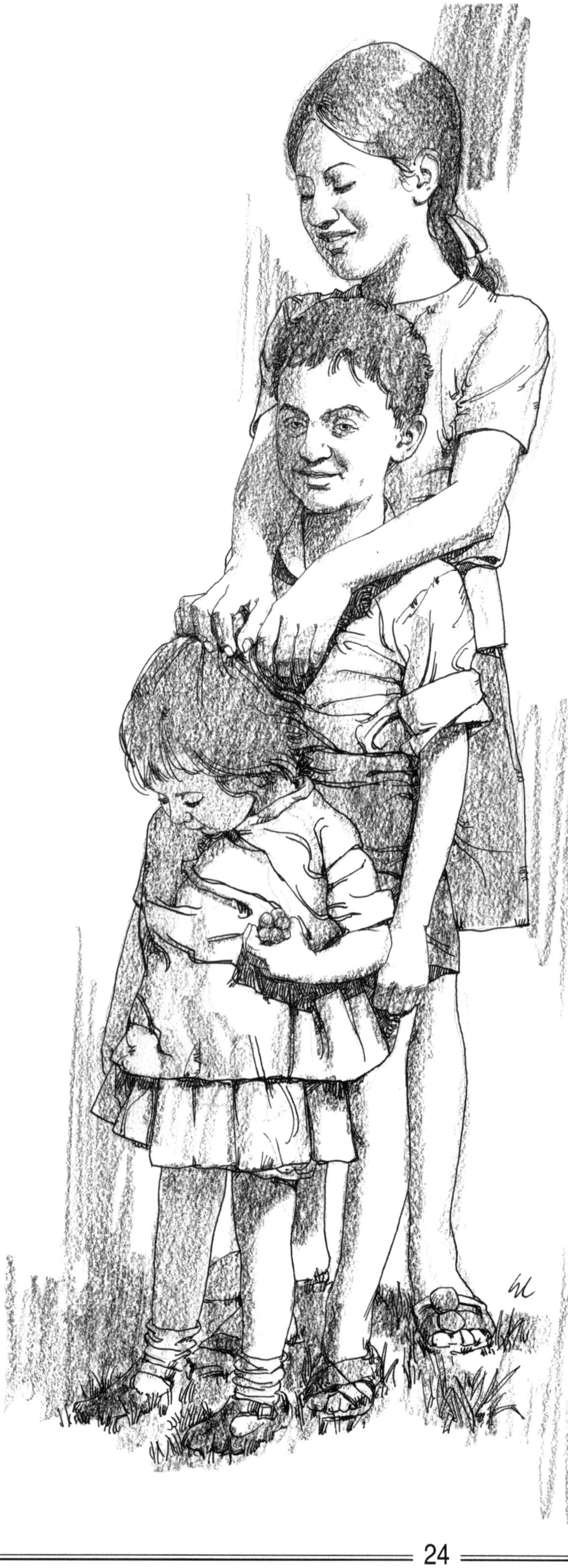

Die Orgelpfeifen.
Feder mit Chinatusche, Grafit 6B auf rauem Papier, 33 x 48 cm.

Die lustige Anordnung dieser drei so unterschiedlichen Kinder hintereinander nach Alter und Größe lässt sie auf den ersten Blick in diesem zugewandten und intimen Gestus miteinander verschmelzen. Die Tuschfeder habe ich hier benutzt, weil sie dünne, klar umgrenzte Linien ergibt und man so das Risiko indifferenter, ineinander verfließender Details vermeidet. Die wenigen Akzente im Tonwert habe ich mit sehr weichem Grafitstift gesetzt, um ein wenig plastisches Volumen zu erzeugen.

Kleine Familie.
Monochromes Aquarell auf rauem Papier, 33 x 48 cm.

Diese Zeichnung weist alle Züge einer Vorstudie für ein Porträt auf, das ich später dann auch wirklich in Öl auf Leinwand ausgeführt habe. Ich konnte so besser als in der reinen Beobachtung einige Schwierigkeiten in der Perspektive einschätzen, beispielsweise die scheinbar zu kurz geratenen Beine der Mutter und die geringe Tiefe des Stuhls. Wenn sie im endgültigen Werk aufgetaucht wären, hätten sie sich unangenehm bemerkbar gemacht. Auch dazu kann also eine Zeichnung nach dem Modell dienen, denn nicht alles, was in der Natur räumlich korrekt und natürlich erscheint, ist dann später auf dem Blatt auch wirkungsvoll.

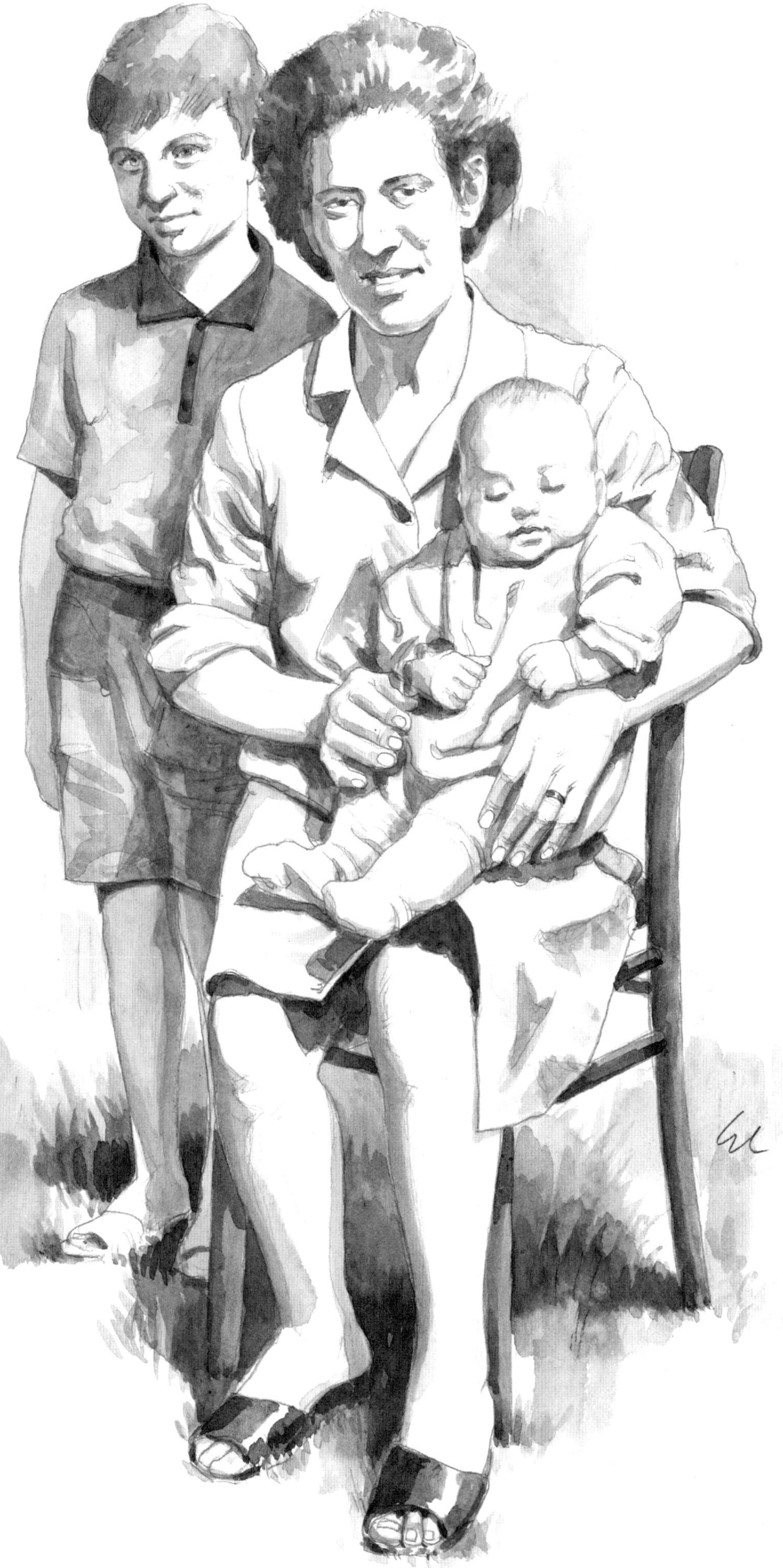

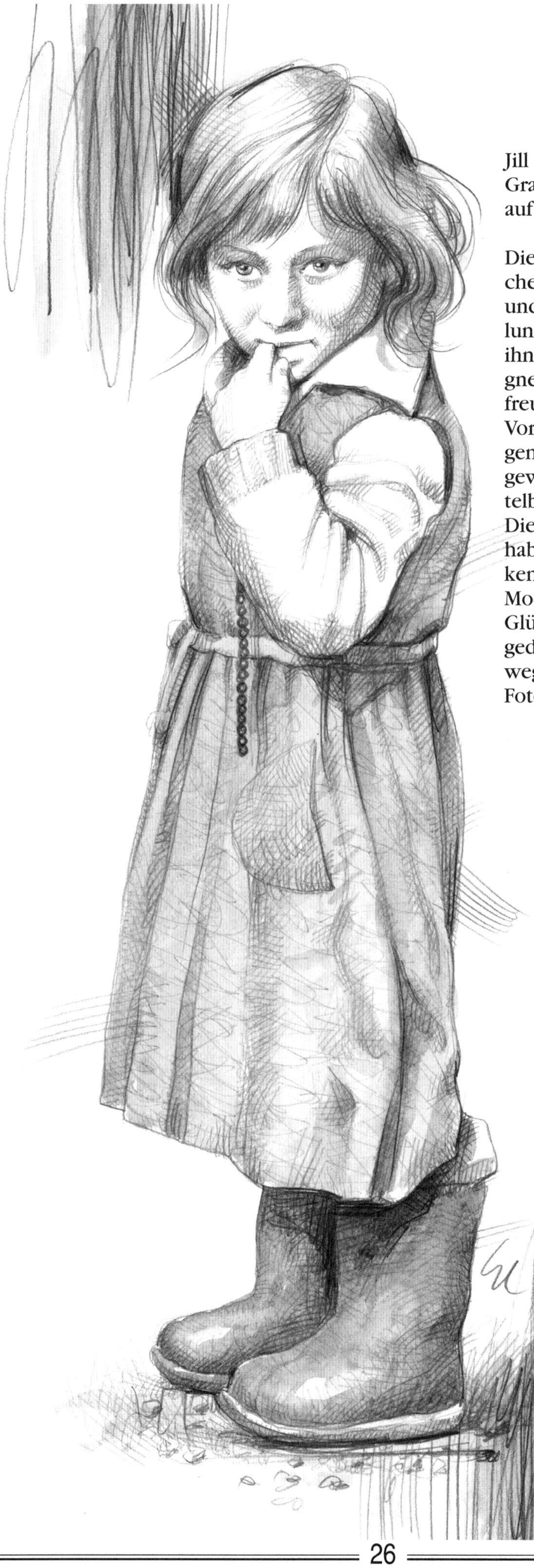

Jill denkt sich ein Spiel aus.
Grafit H, HB, B und Tempera gebrannte Siena auf rauem Papier, 33 x 48 cm.

Die Lager der Sinti und Roma bieten ein reiches Spektrum an Themen, Gegenständen und Figuren in spontanen Posen und Handlungen. Unter der Voraussetzung, dass man ihnen mit Respekt und Anteilnahme begegnet, sind die Zigeuner normalerweise sehr freundlich und lassen sich gern porträtieren. Vor allem Kinder und Heranwachsende zeigen sich oft in ihrem Ausdruck und Verhalten gewinnend, offenherzig, zärtlich und unmittelbar, aber auch gerissen und schlau.
Diese Zeichnung und die auf S. 27, 30 und 31 habe ich in einem Lager in den Außenbezirken von Mailand gemacht, wo ich die kleinen Modelle bat, für mich zu sitzen. Ich hatte Glück und sie waren sehr sympathische und geduldige Mädchen, aber da ich mit ihrem Bewegungsdrang rechnete, machte ich ein paar Fotos, bevor ich die Skizzen begann.

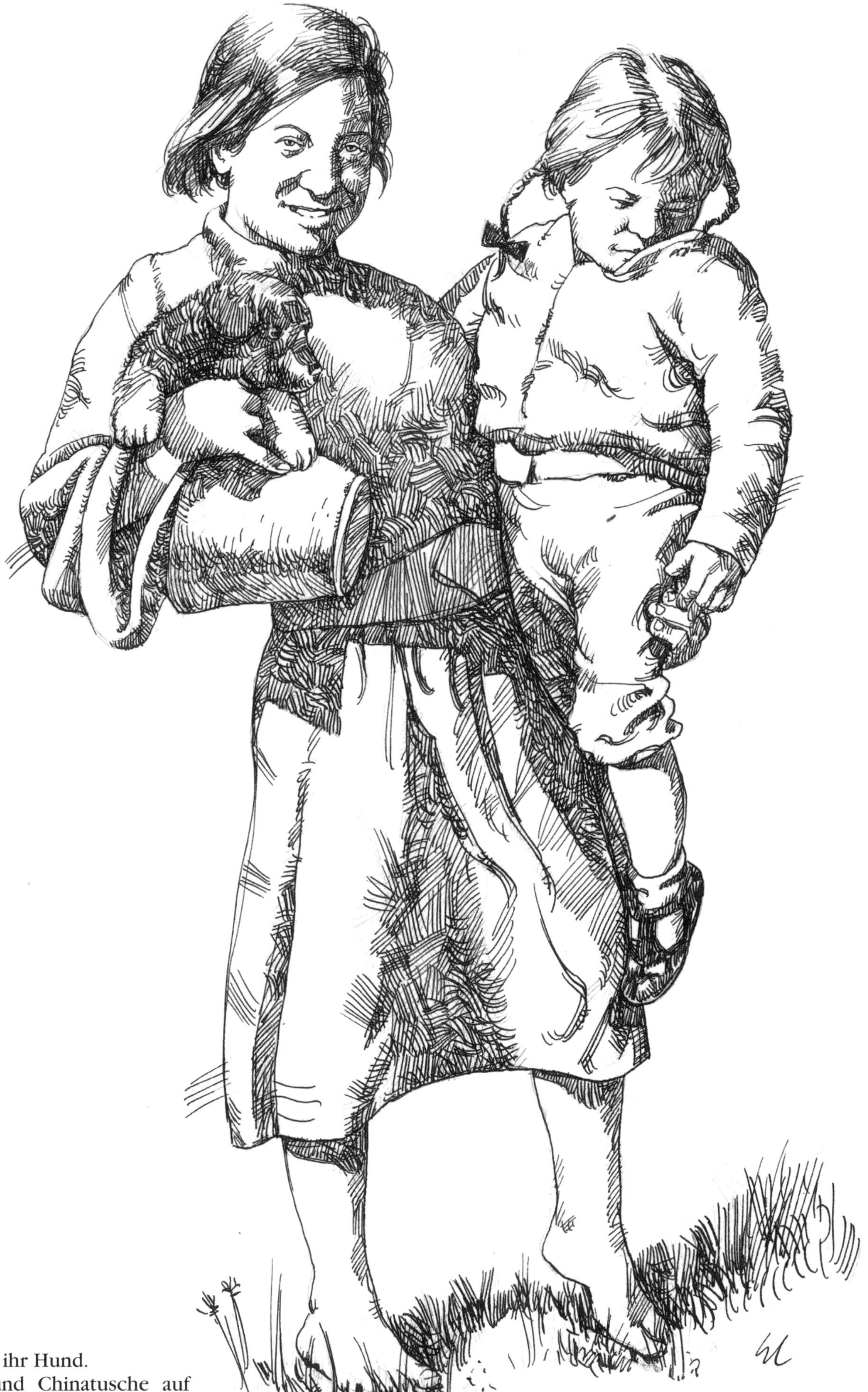

Anna, Esther und ihr Hund.
Breitbandfeder und Chinatusche auf Karton, 36 x 51 cm.

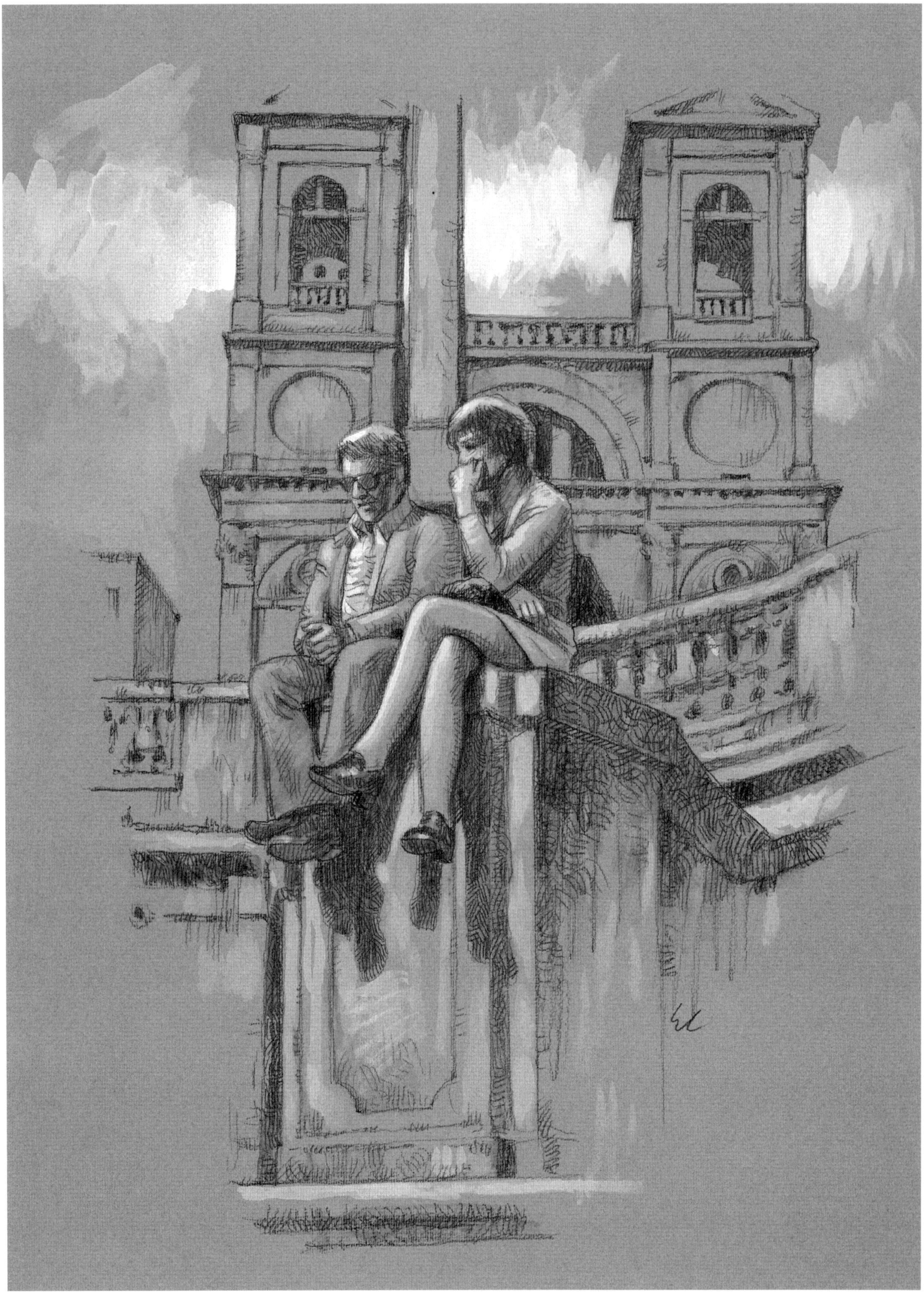

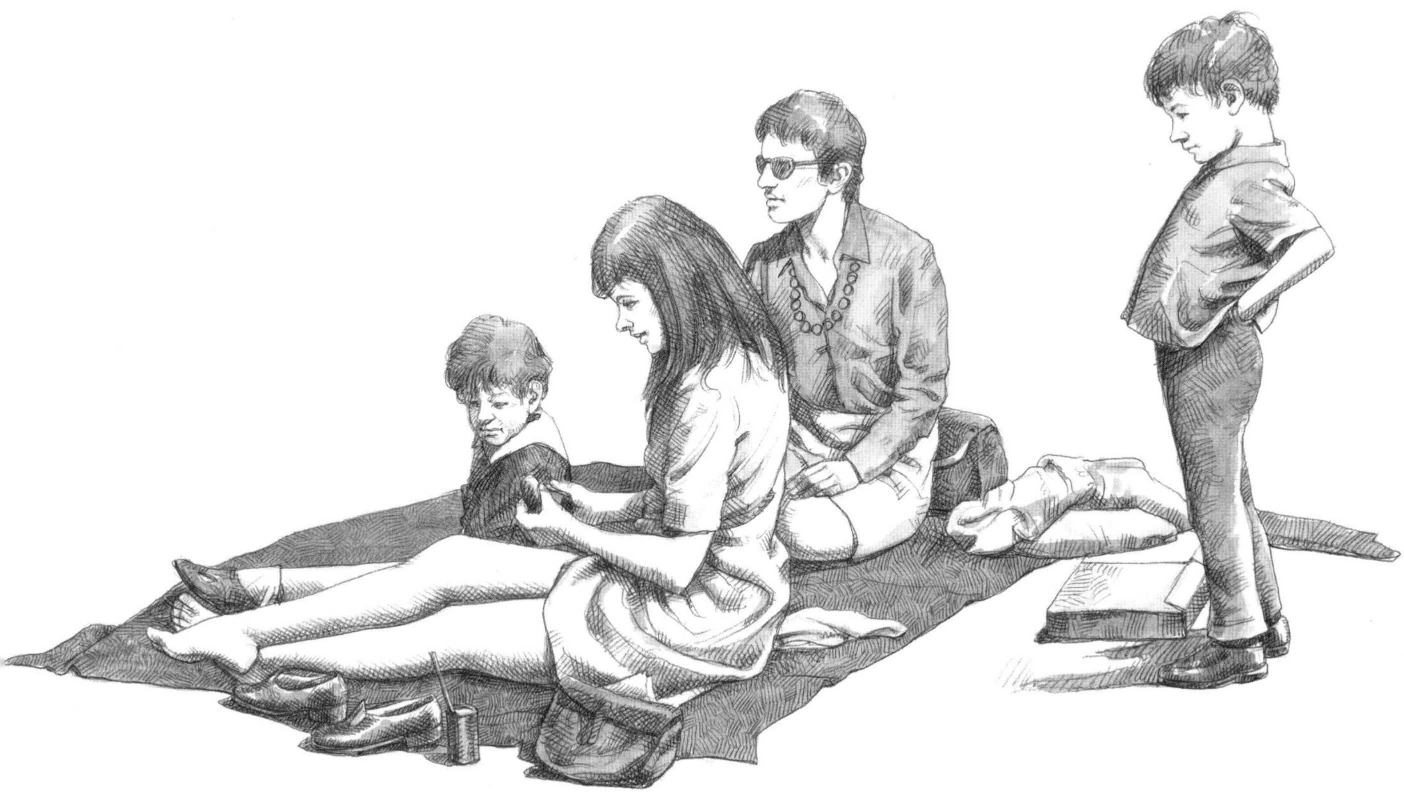

Picknick im Central Park, New York.
Grafit HB, B, Tempera gebrannte Siena auf rauem Papier, 33 x 48 cm.

Die kleine Personengruppe an einem Teichufer im Park wurde nur zu einem kleinen Teil direkt nach der Natur gezeichnet. Der Junge rechts gehörte zwar zu der Gruppe, aber er bewegte sich so schnell, dass es unmöglich war, seine turbulente Motorik direkt zu Papier zu bringen. Ich habe ihn also in verschiedenen interessanten Posen fotografiert und die Zeichnung später fertiggestellt und eine Haltung gewählt, die mir zur Gesamtkomposition zu passen schien.

Gegenüber S. 28

Kirche Trinità dei Monti, Rom.
Grafit B, weiße Tempera und gebrannte Siena auf sandfarbenem Papier, 32 x 45 cm.

Wenn die Umgebung ein sehr großes Gewicht auf einer Zeichnung gewinnt und außerdem sehr detailreich ist, empfiehlt es sich, sie erst einmal eher oberflächlich auszuführen und so viel Zeit als möglich den Figuren zu widmen. Später kann man immer noch in Ruhe die Einzelheiten fertig machen oder auch nach Fotos arbeiten.

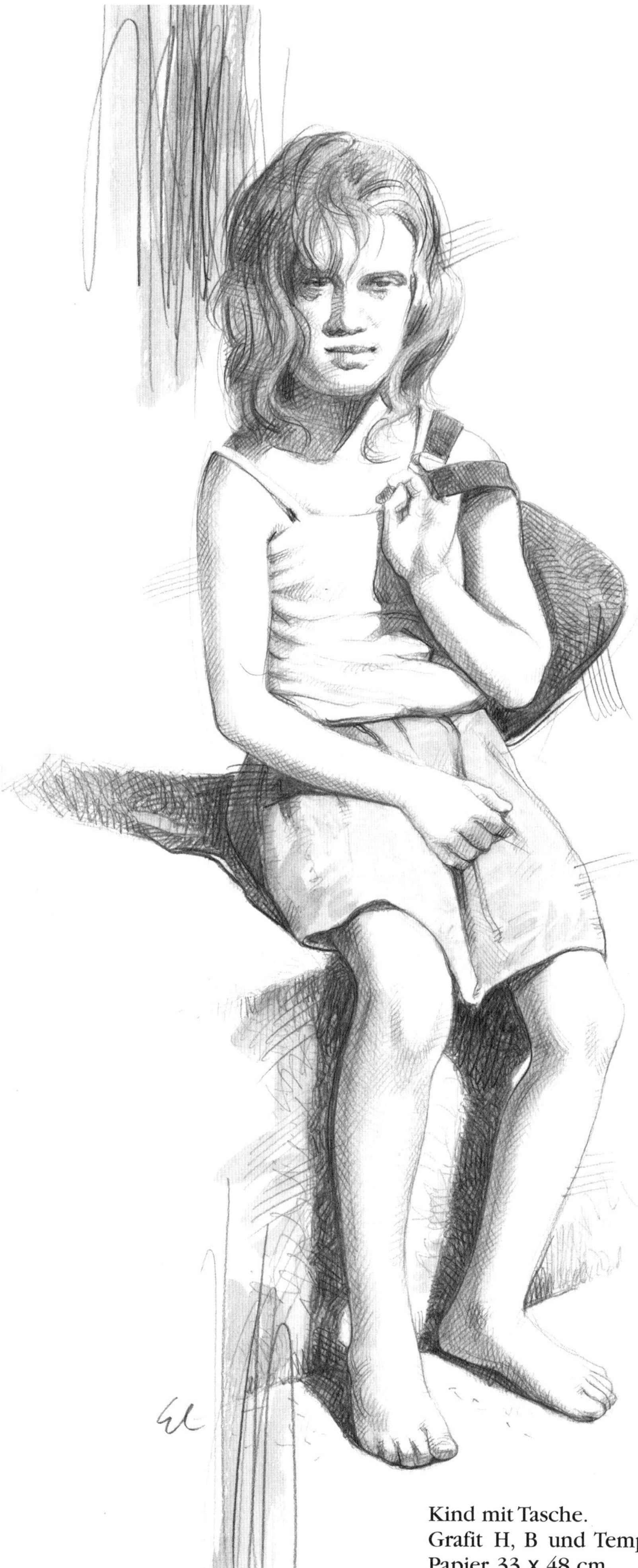

Kind mit Tasche.
Grafit H, B und Tempera gebrannte Siena auf rauem Papier, 33 x 48 cm.

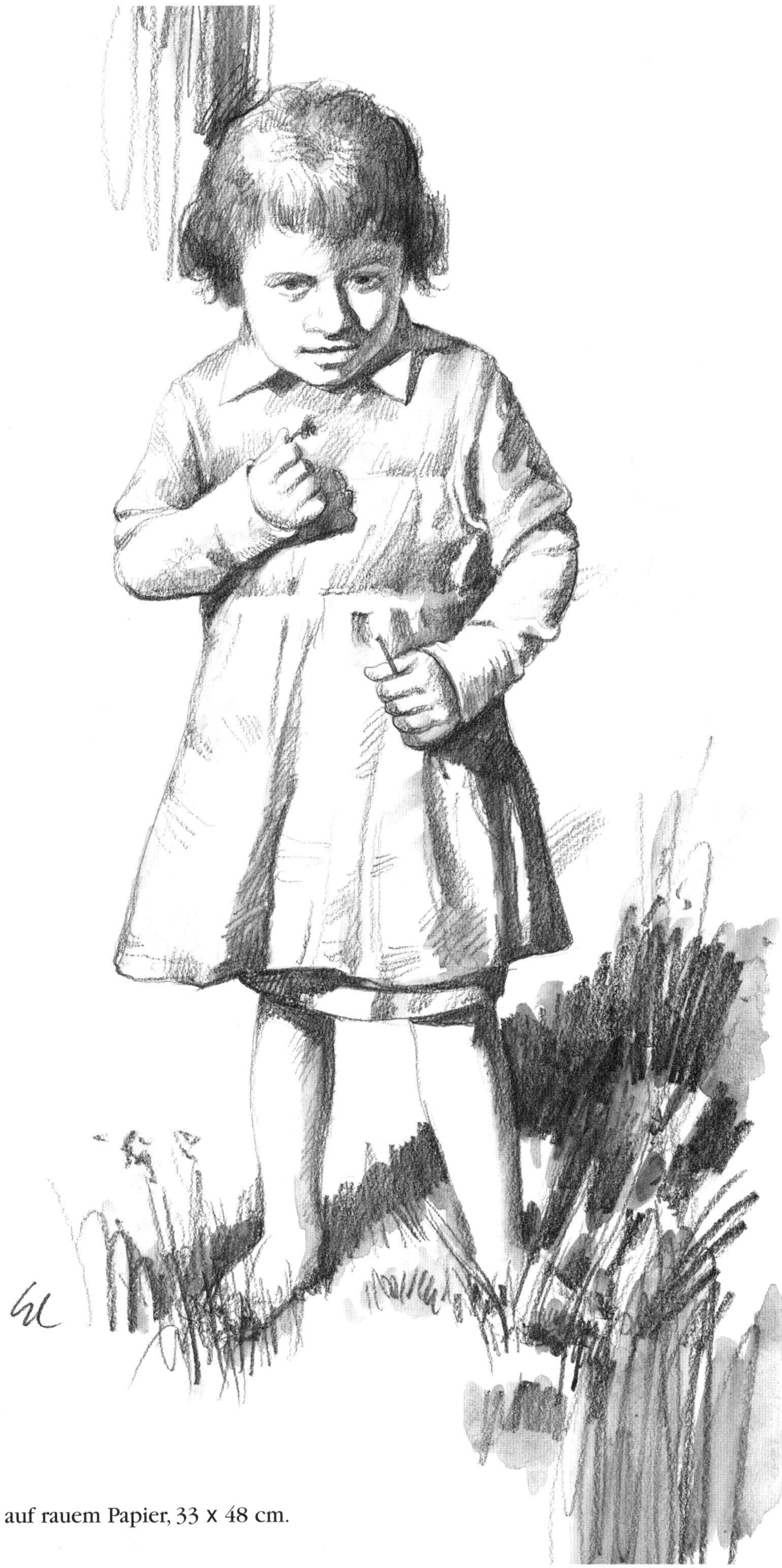

Ciaci, Porträtstudie.
Grafit 6B und Sepia auf rauem Papier, 33 x 48 cm.

Patrizia, Porträtstudie.
Grafit H, B und Tempera gebrannte Siena auf rauem Papier,
33 x 48 cm.

Die durchgedrückten Beine mit den einwärts gestellten Füßen oder die Lieblingsspielzeuge verleihen diesem Porträt eines kleinen Mädchens, das möglicherweise etwas befangen ist durch die Pose, die es ungewohnt lange einnehmen muss, eine gewisse Leichtigkeit und Ausstrahlung. Solche unwillkürlichen und nicht immer gefälligen Gesten und Posen werden von den Auftraggebern eines Porträts oft nicht geschätzt, weil sie nüchterne und herkömmliche Formen für passender halten. Aber bei den Vorstudien kann der Künstler durchaus seinen Spaß beim Erforschen unkonventioneller Wege haben.

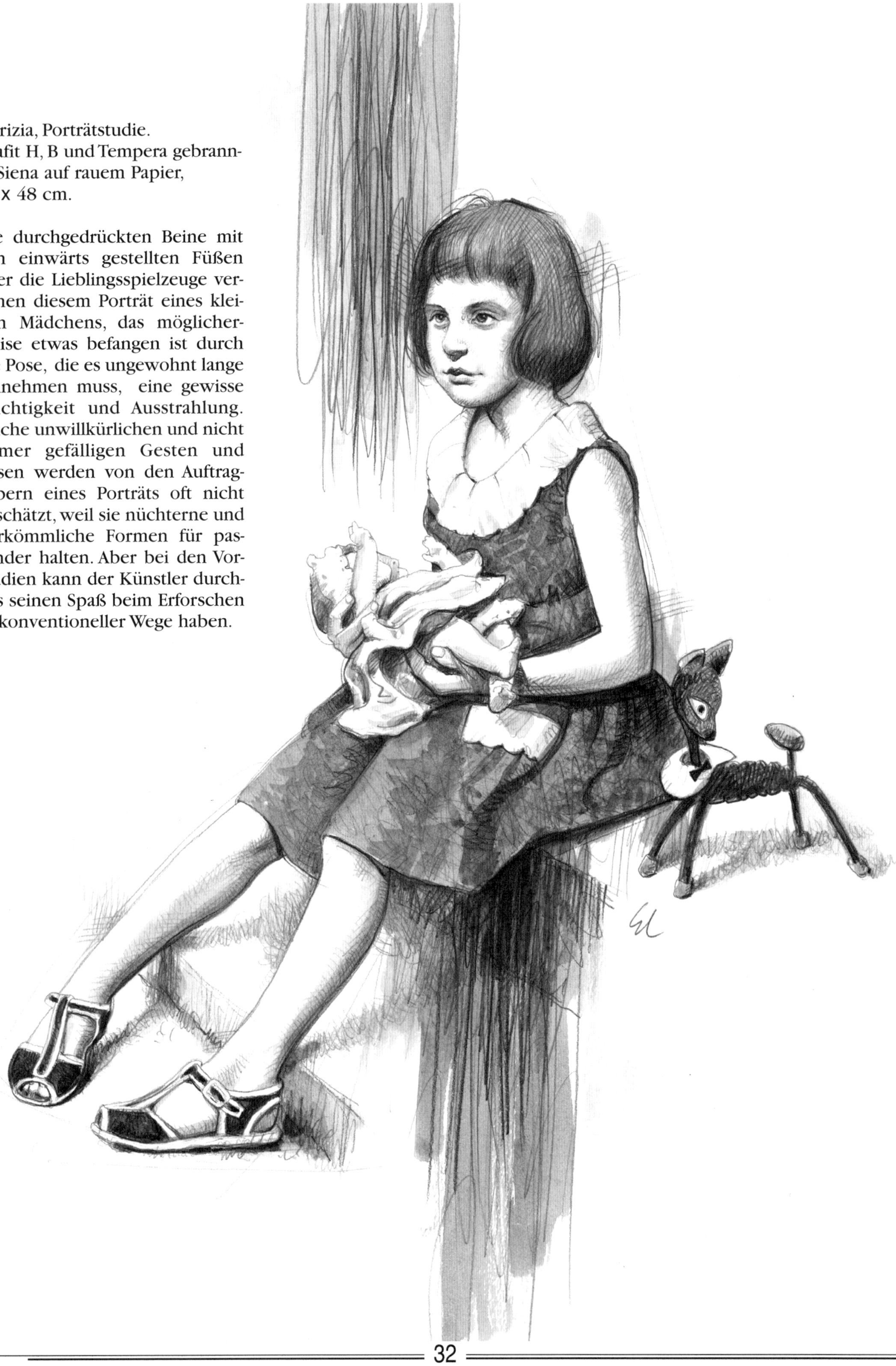

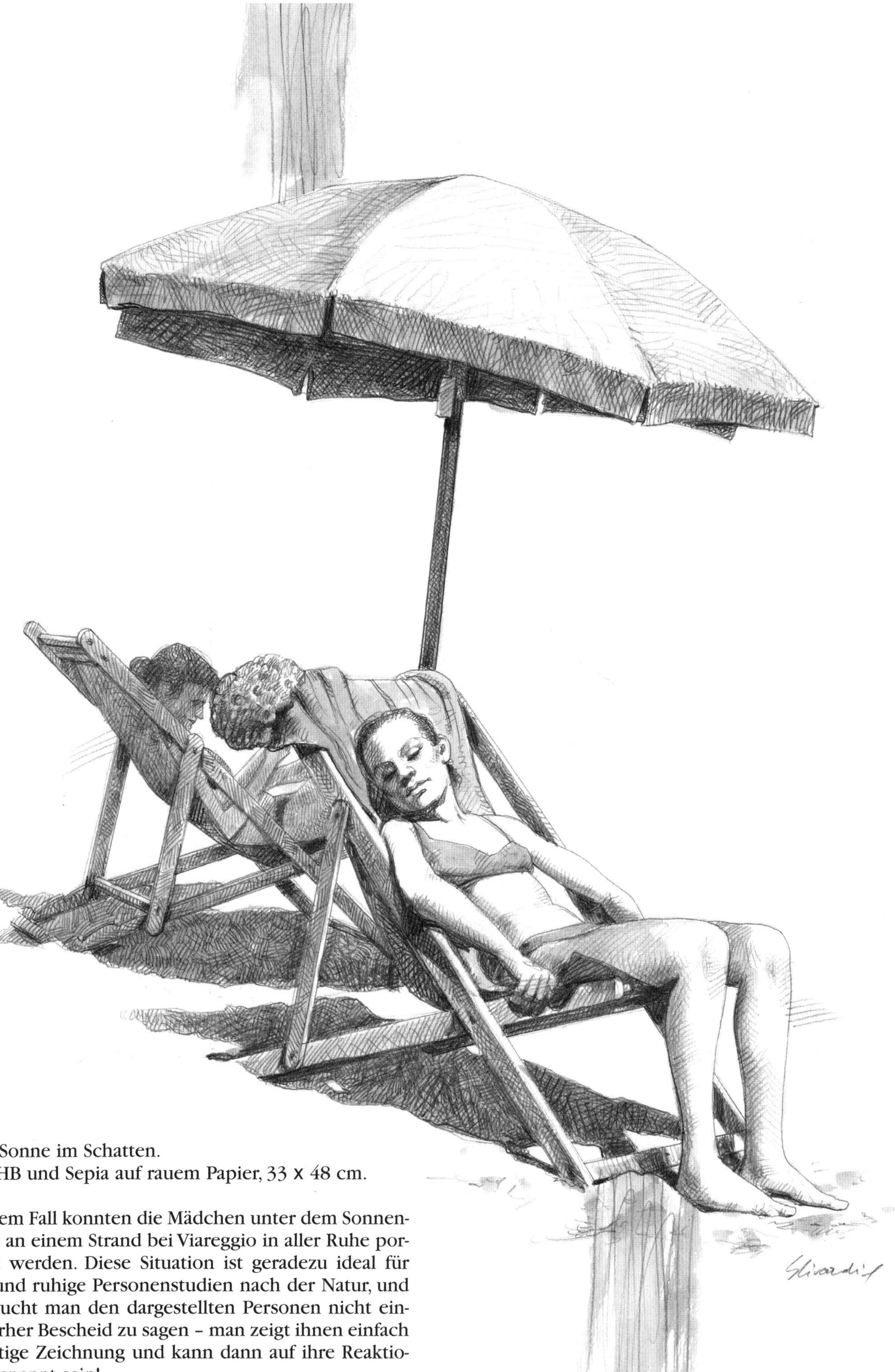

In der Sonne im Schatten.
Grafit HB und Sepia auf rauem Papier, 33 x 48 cm.

In diesem Fall konnten die Mädchen unter dem Sonnenschirm an einem Strand bei Viareggio in aller Ruhe porträtiert werden. Diese Situation ist geradezu ideal für lange und ruhige Personenstudien nach der Natur, und oft braucht man den dargestellten Personen nicht einmal vorher Bescheid zu sagen – man zeigt ihnen einfach die fertige Zeichnung und kann dann auf ihre Reaktionen gespannt sein!

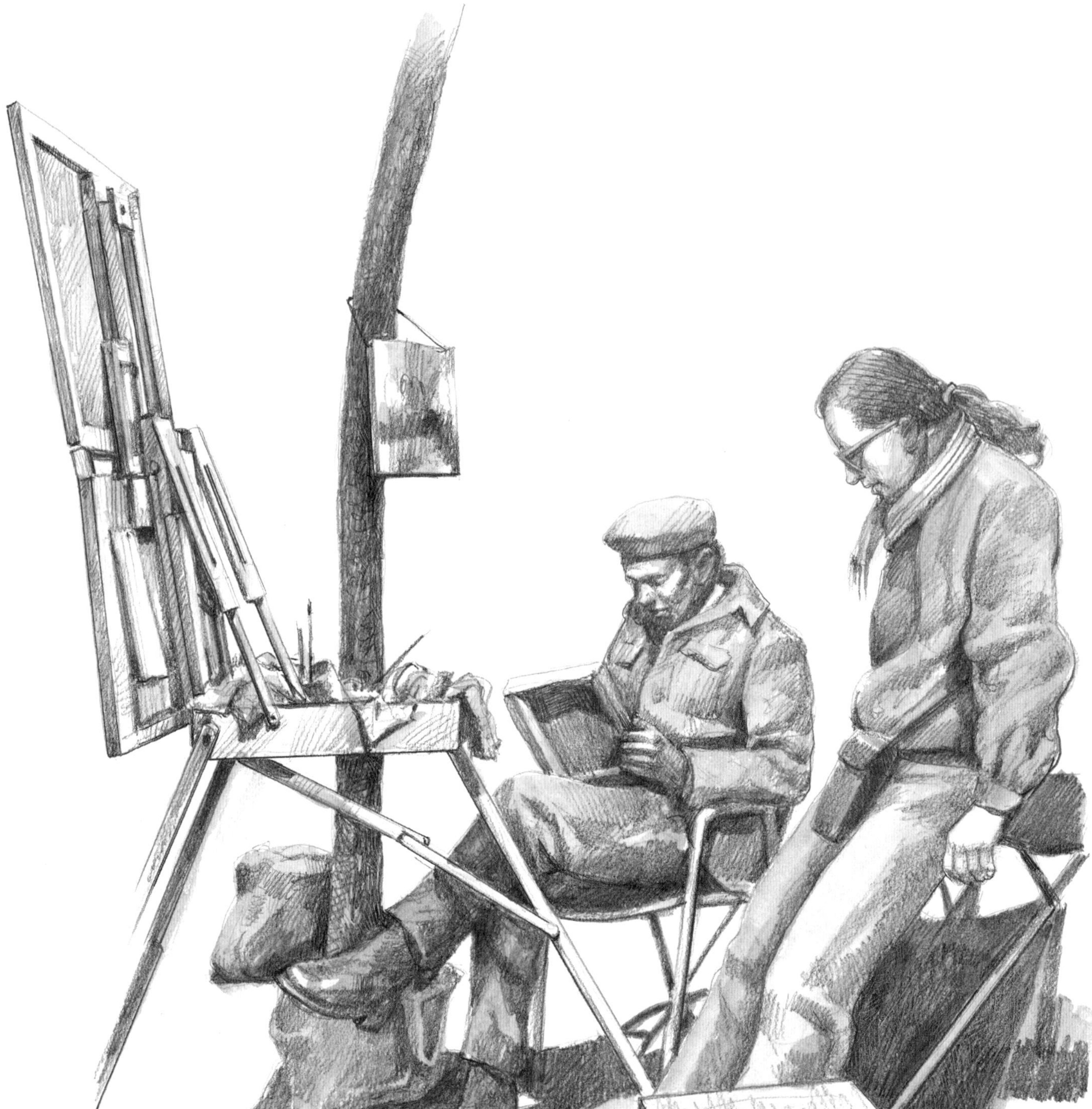

Zwei Maler an der Place du Tertre, Paris.
Grafit B, 4B und Sepia auf rauem Papier, 33 x 48 cm.

Der kleine Platz auf der Höhe des Montmartre ist fast das ganze Jahr voller Maler von etwas extravagantem Aussehen sowie Touristen, die zwischen Bäumen, Staffeleien und Restauranttischen im Freien umherspazieren. Daher war es für mich eine lustige Erfahrung, sozusagen die Kollegen zu porträtieren, die mit gezeichneten Porträts ihren Lebensunterhalt verdienen. Normalerweise sind sie durchaus bereit, selbst Modell zu stehen, wohl weil sie von mir keine Konkurrenz erwarteten. Und nicht selten sind ihre Kommentare recht lehrreich ... Auf dieser Zeichnung wollte ich einige Zusammenhänge aus der Umgebung hervorheben und mit dem Zusammenspiel von Elementen und Formen experimentieren, die sich vor dem Hintergrund abzeichnen und den Blick auf die Hauptfigur in der Mitte lenken.

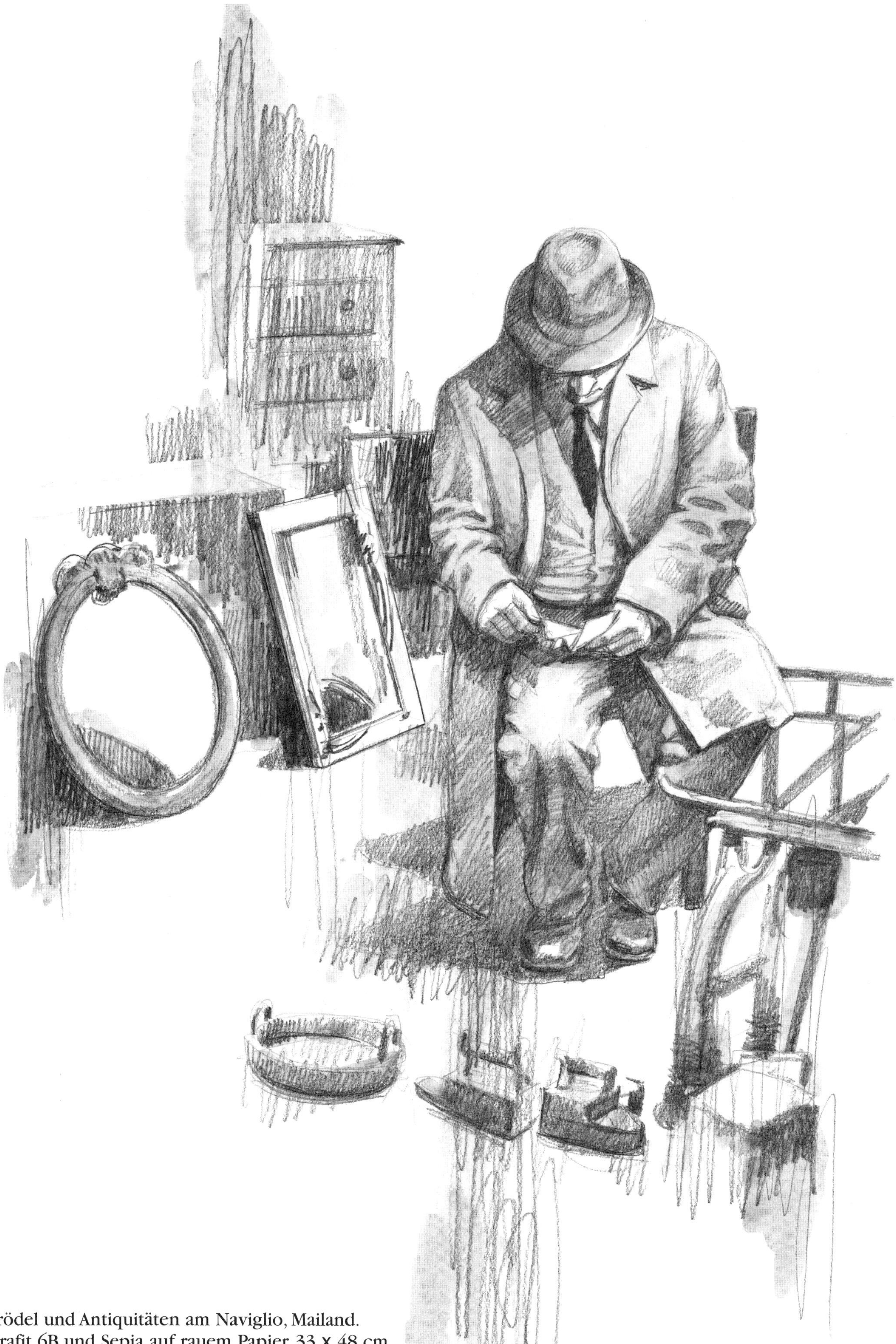

Trödel und Antiquitäten am Naviglio, Mailand.
Grafit 6B und Sepia auf rauem Papier, 33 x 48 cm.

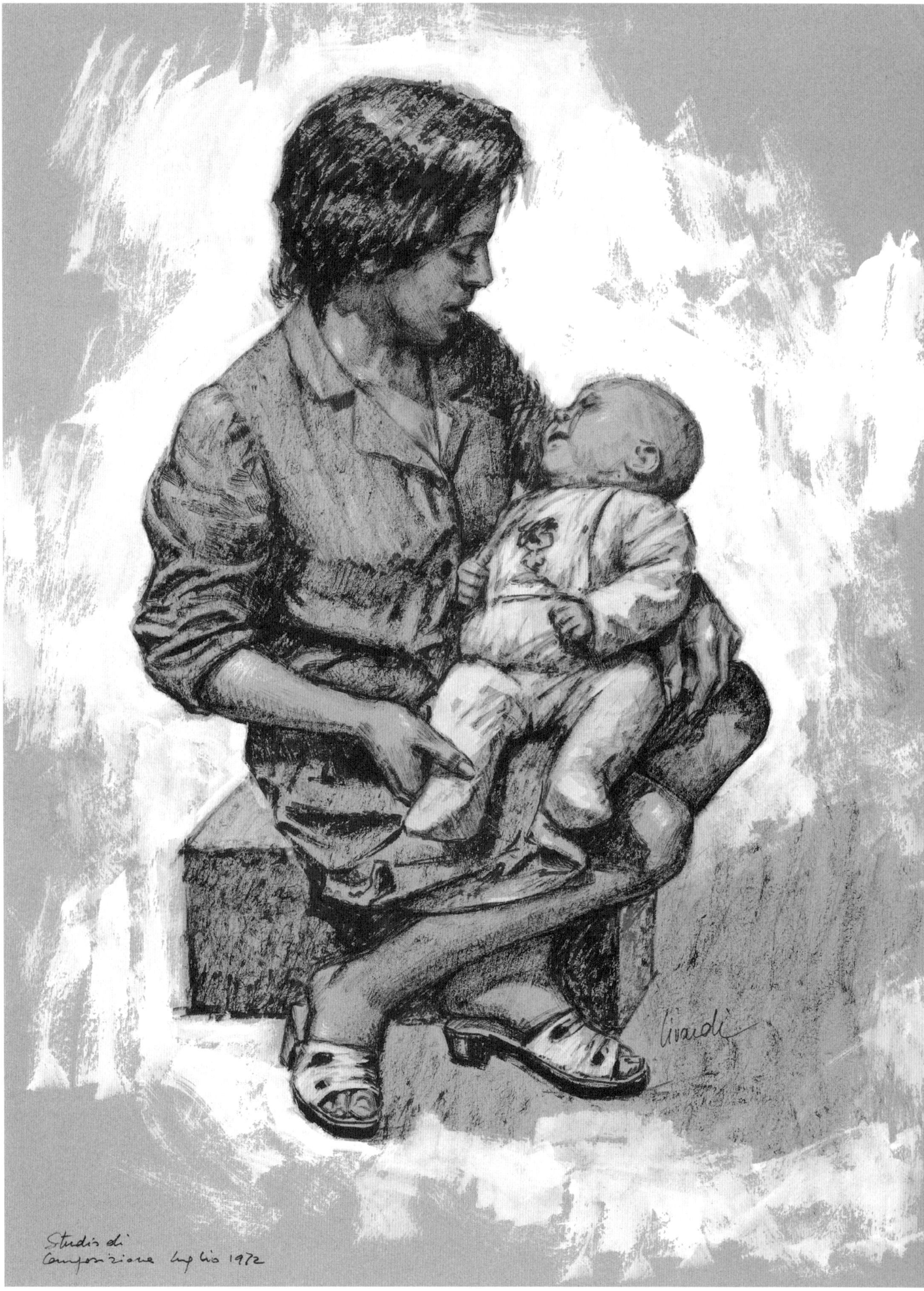
Studio di
Composizione Luglio 1972

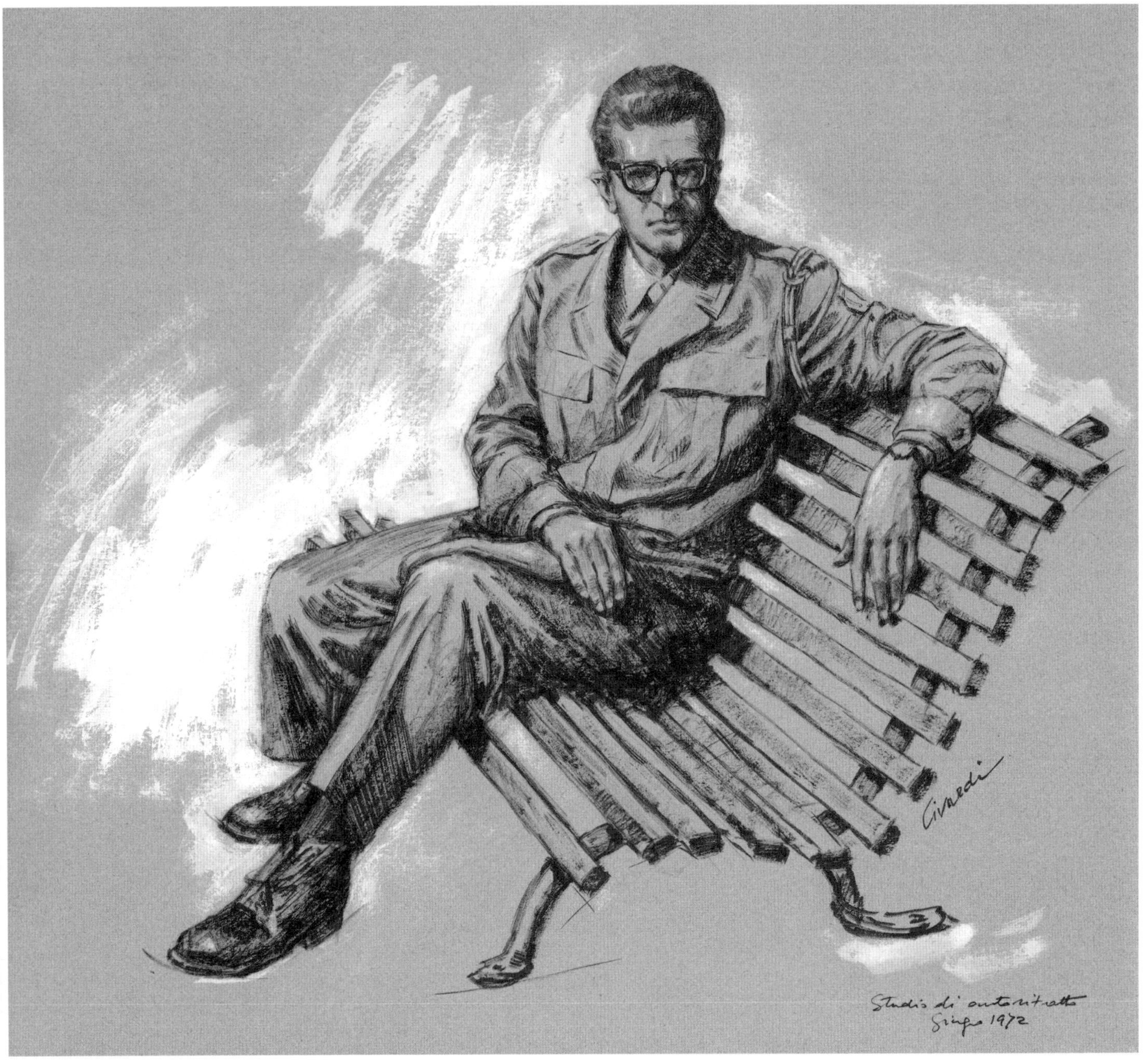

Studie für ein Selbstporträt.
Dry-Brush, Tusche und weiße Tempera auf grauem Zeichenkarton, 32,5 x 36 cm (nach Foto).

Gegenüber S. 36

Studie für eine Komposition.
Dry-Brush, Tusche und weiße Tempera auf grauem Zeichenkarton, 32 x 43 cm.

Die Zeichnungen auf diesen beiden Seiten sind vor vielen Jahren entstanden. Bei beiden habe ich die Technik des halb trockenen Pinsels (Dry-Brush) angewandt, um diese ausgefransten und körnigen Linien in schwarzer Chinatusche zu zeichnen. Die Technik ist einfach: man tunkt einen mitteldicken weichen Pinsel in die Tusche, drückt ihn ein wenig in einem Tuch aus und trägt dann mit leichtem Druck die Striche auf ein Blatt recht rauen Papiers auf. Der Effekt lässt sich schnell sehen und ist besonders wirkungsvoll bei Figurenzeichnungen, wo Schattenpartien und Lichter in einem besonders scharfen Kontrast stehen.

8 Reisenotizen

Viele Künstler pflegen auf Reisen außer dem Fotoapparat auch einen Zeichenblock mitzuführen, um ihre Eindrücke festzuhalten: Ansichten der Landschaften oder Architekturprospekte, Beobachtungen von Menschen oder Eindrücke von Farben und Kompositionen usw. Alles, was ihre Aufmerksamkeit erregt, wird in schnellen Skizzen aufgezeichnet und verwahrt für mögliche spätere Ausarbeitungen. In diesem Abschnitt habe ich z. B. einige Zeichnungen wiedergegeben, die ich auf einer Reise nach Nordindien gemacht habe. Auch wenn es nur oberflächlich hingeworfene Zeichnungen sind, fand ich doch einige von ihnen dank der Geduld der Modelle, die manchmal mit ein paar Rupien erkauft war, oder wegen der besonders günstigen Umstände besonders gelungen und ich habe sie ein wenig mehr ausgearbeitet. Dagegen sind manche andere, genauer gesagt sogar die Mehrzahl, reine, in wenigen Augenblicken hingeworfene grafische Notizen (S. 43). Sie gehören in die Kategorie der Skizzen, die ich auf S. 7 behandelt habe.

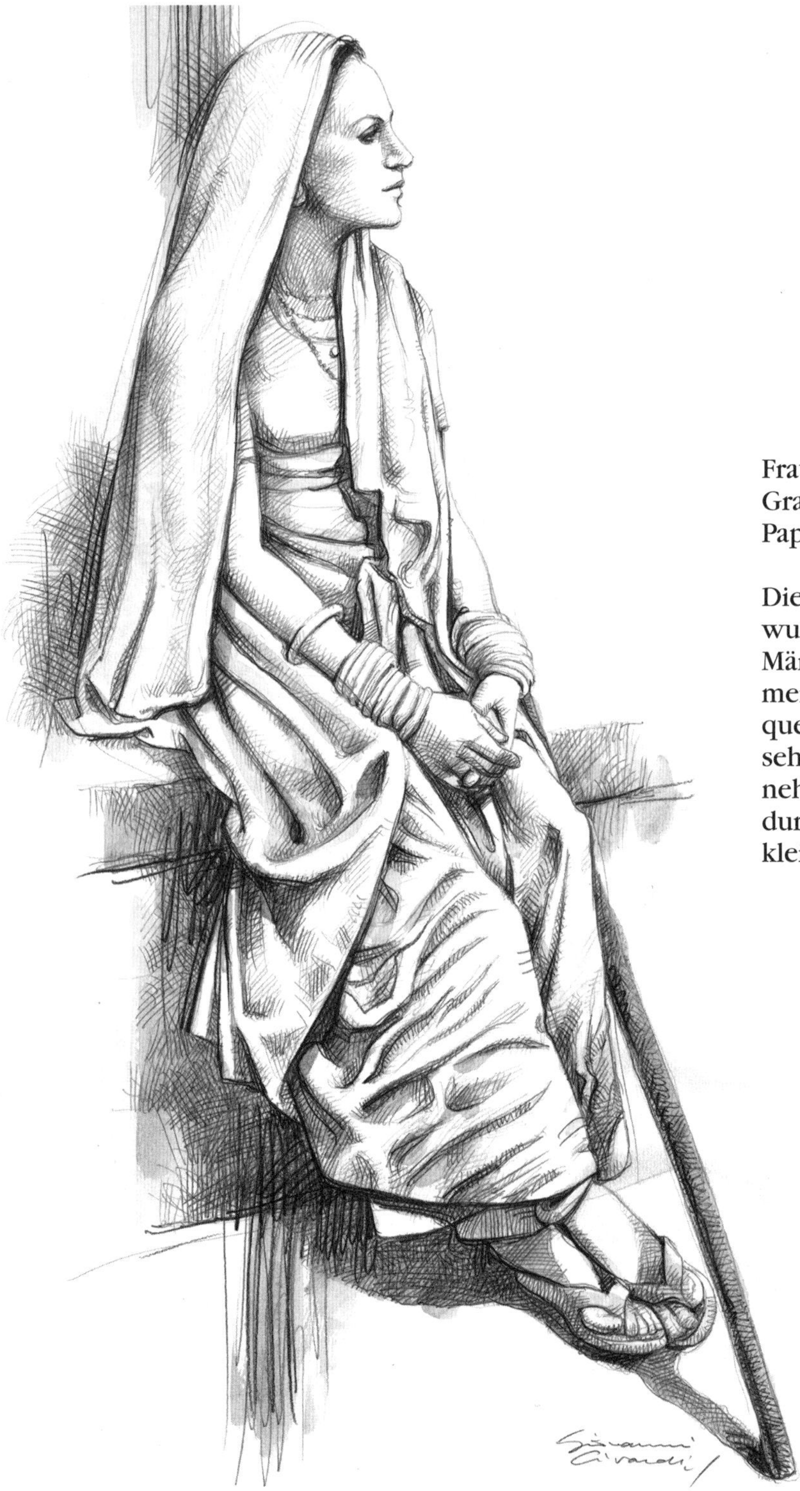

Frau im Basar von Jaisalmer.
Grafit 2B und Tempera gebrannte Siena auf rauem Papier, 33 x 48 cm.

Diese Zeichnungen und die folgenden bis S. 43 wurden im Verlauf einiger Tage auf verschiedenen Märkten und Basaren der indischen Stadt Jaisalmer angefertigt. Die Umstände waren eher unbequem, ich war meist von einer neugierigen und sehr lebhaften Menge umringt. Aber diese Unannehmlichkeiten wurden weitgehend aufgewogen durch die Bereitschaft der Menschen, sich für ein kleines Bakschisch zeichnen zu lassen.

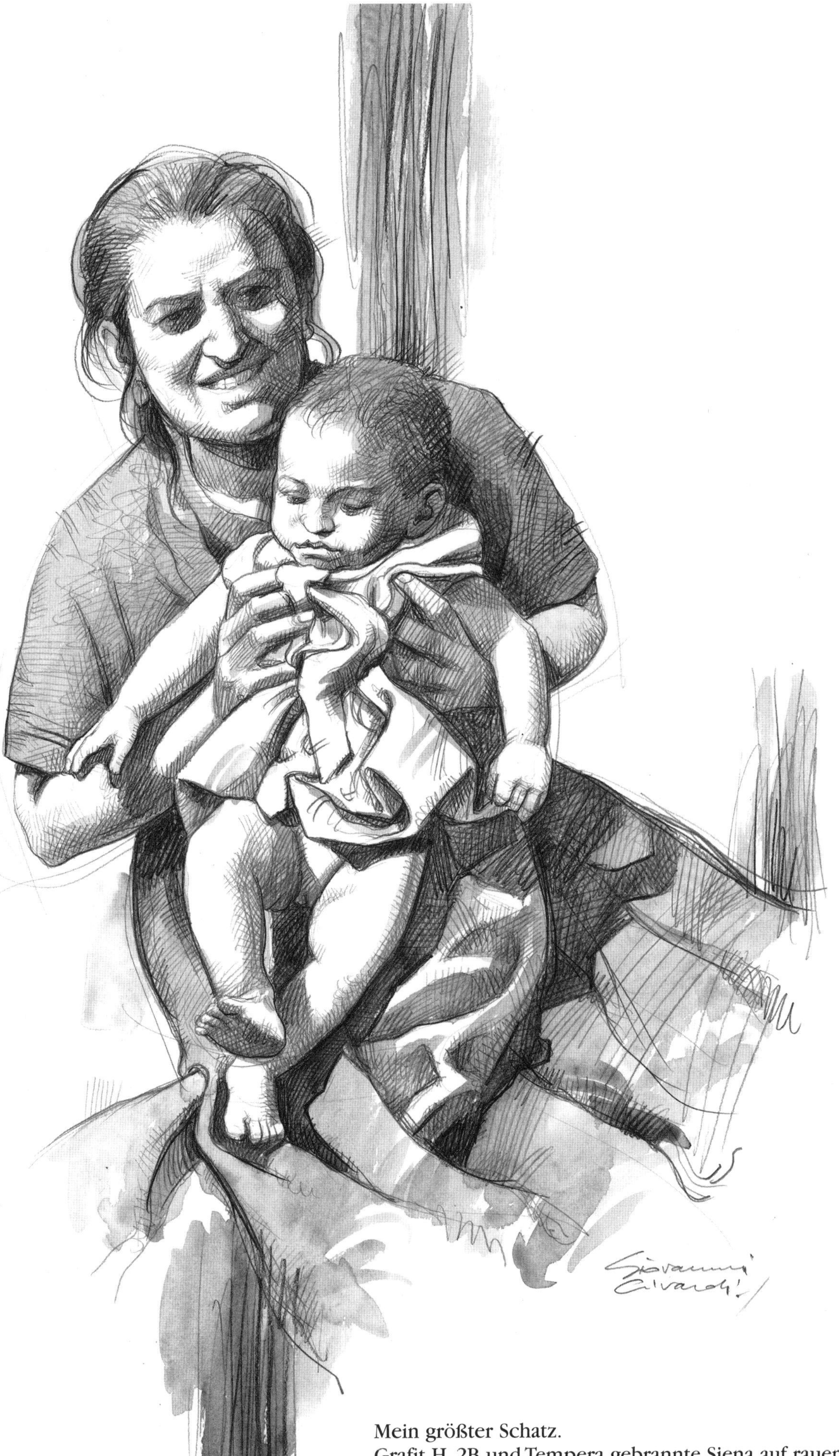

Mein größter Schatz.
Grafit H, 2B und Tempera gebrannte Siena auf rauem Papier, 33 x 48 cm.

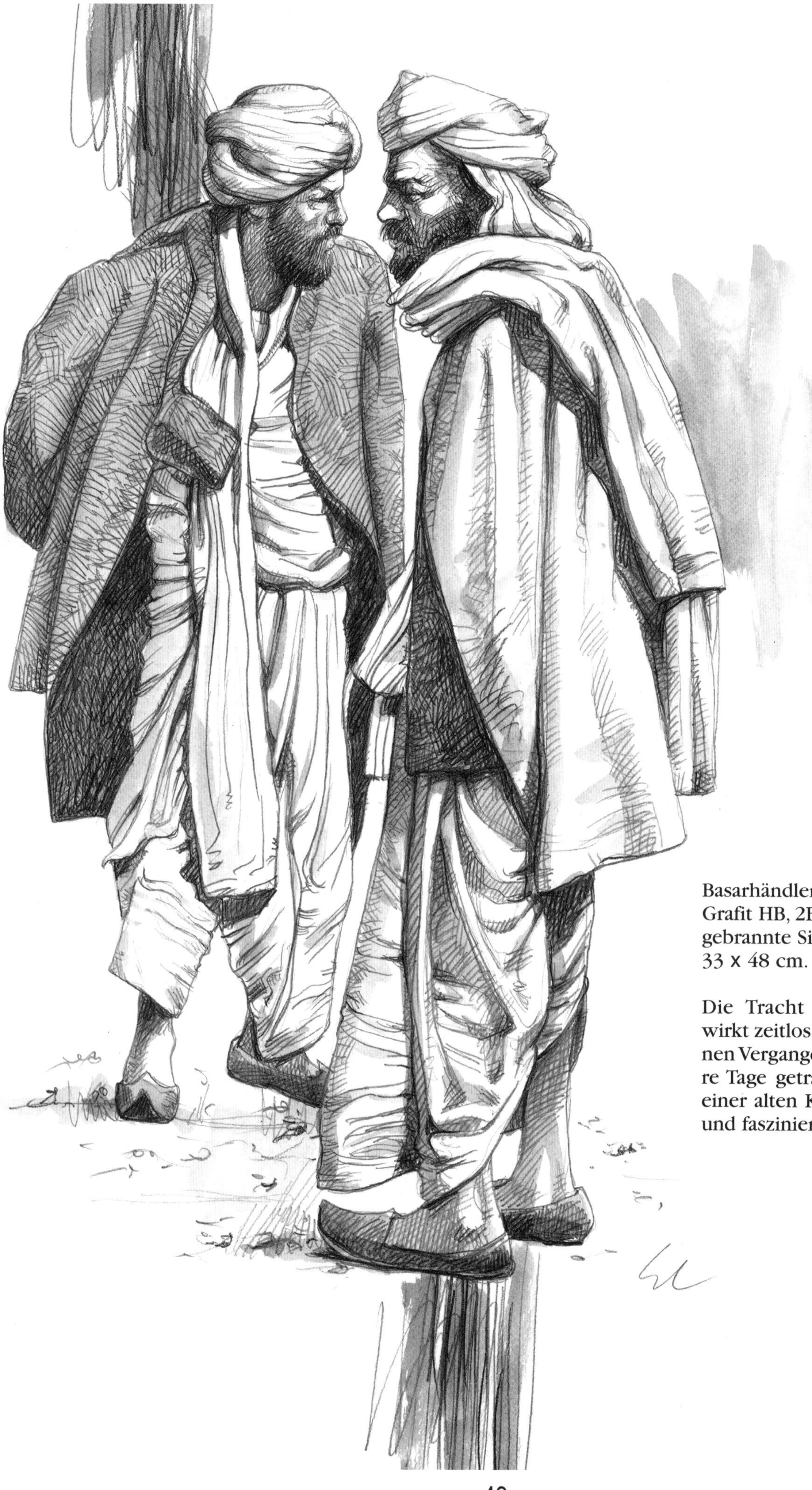

Basarhändler.
Grafit HB, 2B und Tempera gebrannte Siena auf rauem Papier, 33 x 48 cm.

Die Tracht der beiden Männer wirkt zeitlos, sie wurde in einer fernen Vergangenheit und bis in unsere Tage getragen. Sie ist Ausdruck einer alten Kultur voller Kontraste und faszinierender Eindrücke.

Der Schlangenbeschwörer.
Grafit B, 2B und Tempera gebrannte Siena auf rauem Papier, 33 x 48 cm.

Die Zeichnung wirkt auf den ersten Blick etwas irreführend, das rechte Bein des Schlangenbeschwörers scheint perspektivisch misslungen zu sein. Leider entspricht dieser Effekt jedoch durchaus der Realität, der arme Mann hatte wirklich nur noch ein Bein ...

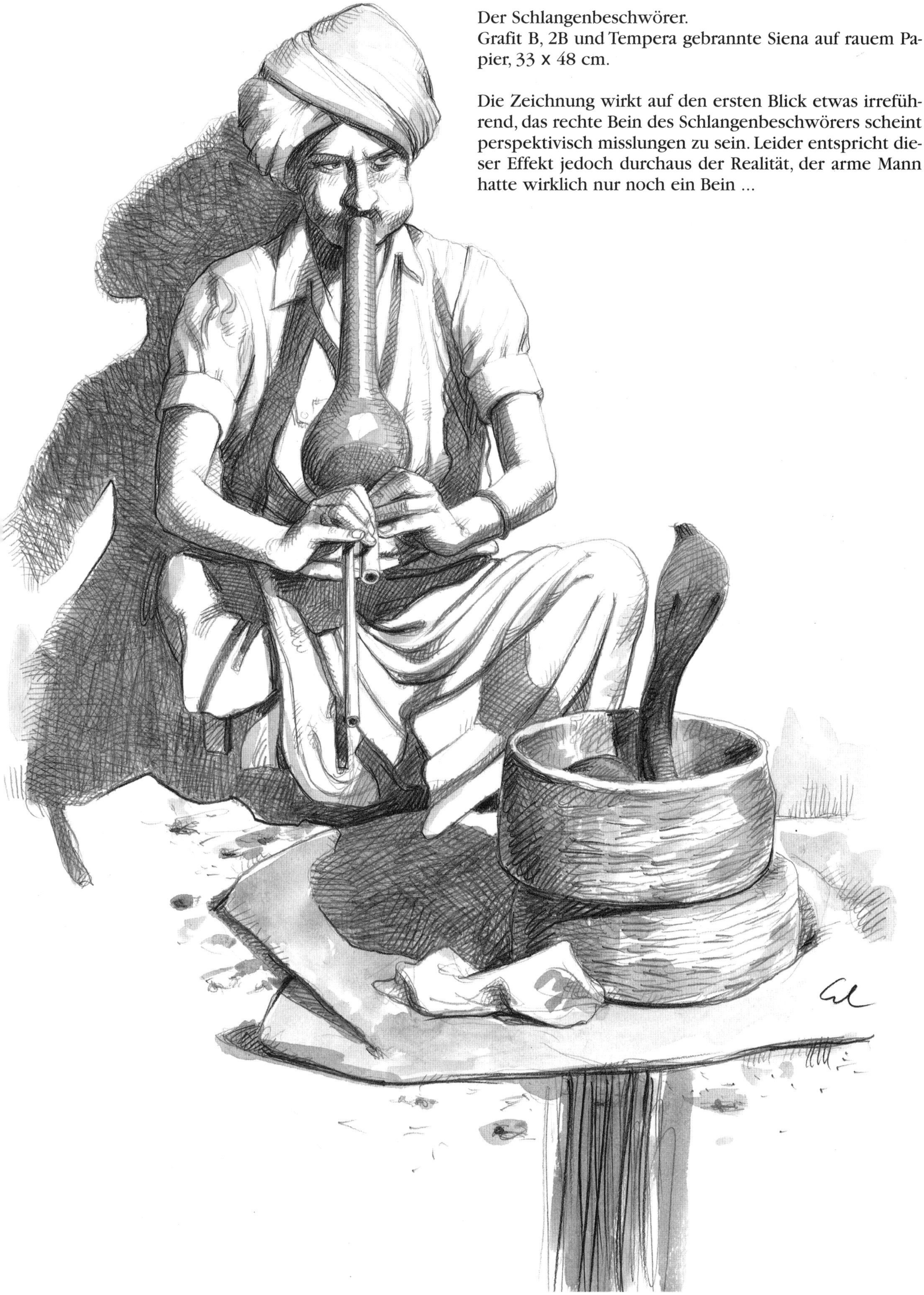

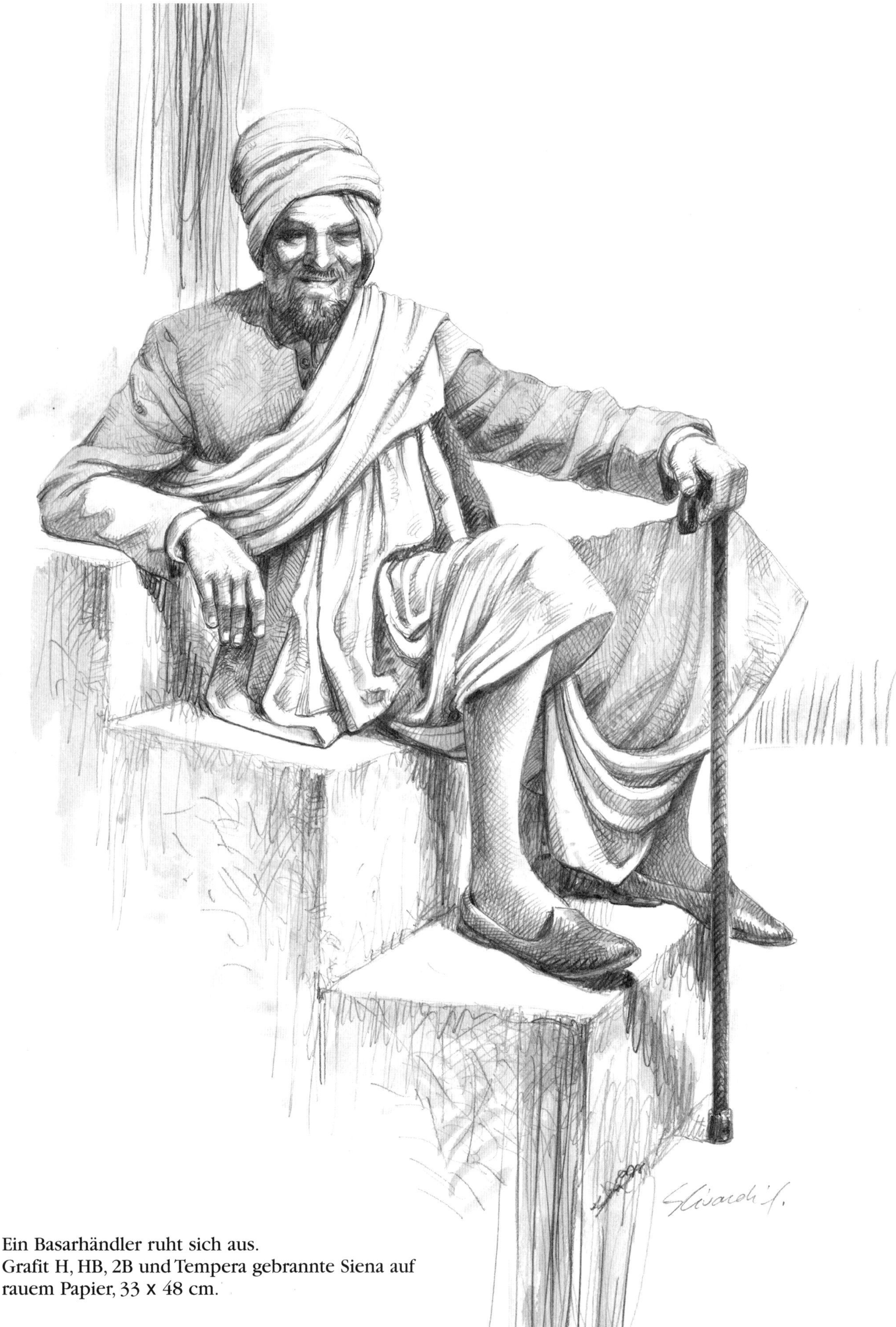

Ein Basarhändler ruht sich aus.
Grafit H, HB, 2B und Tempera gebrannte Siena auf rauem Papier, 33 x 48 cm.

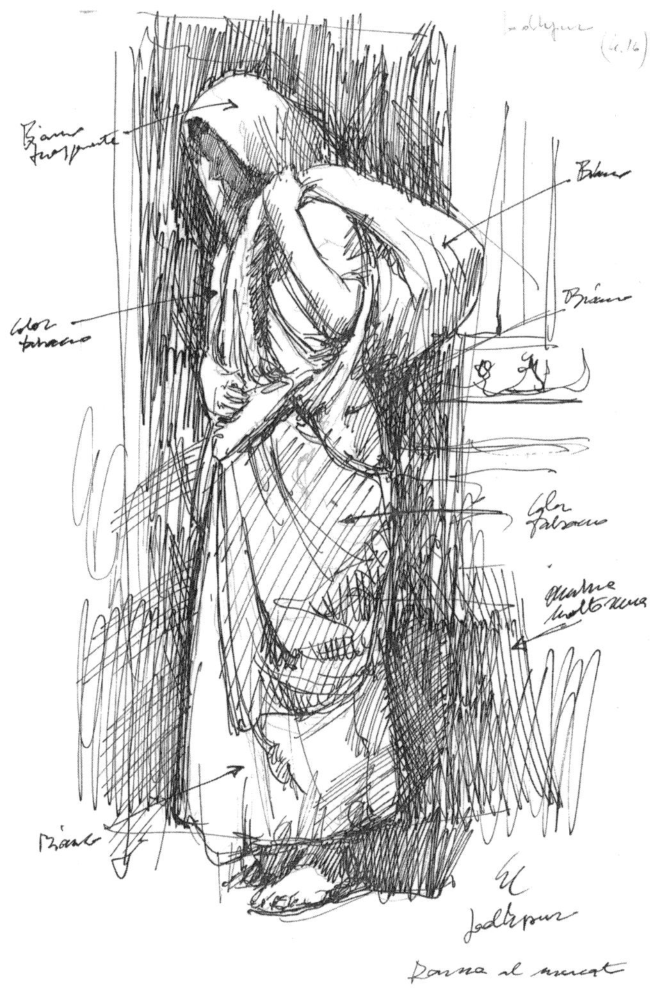

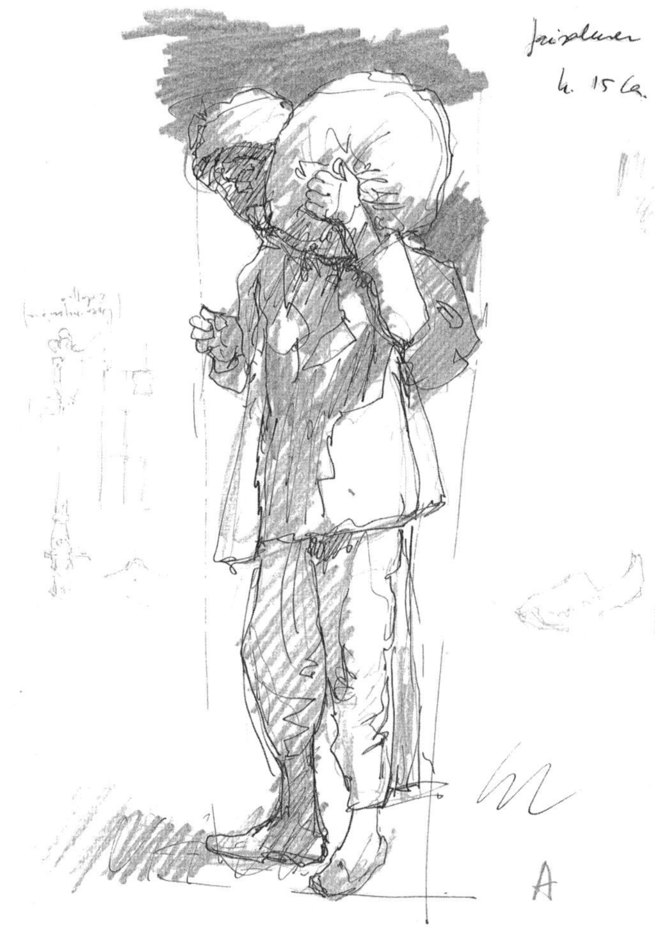

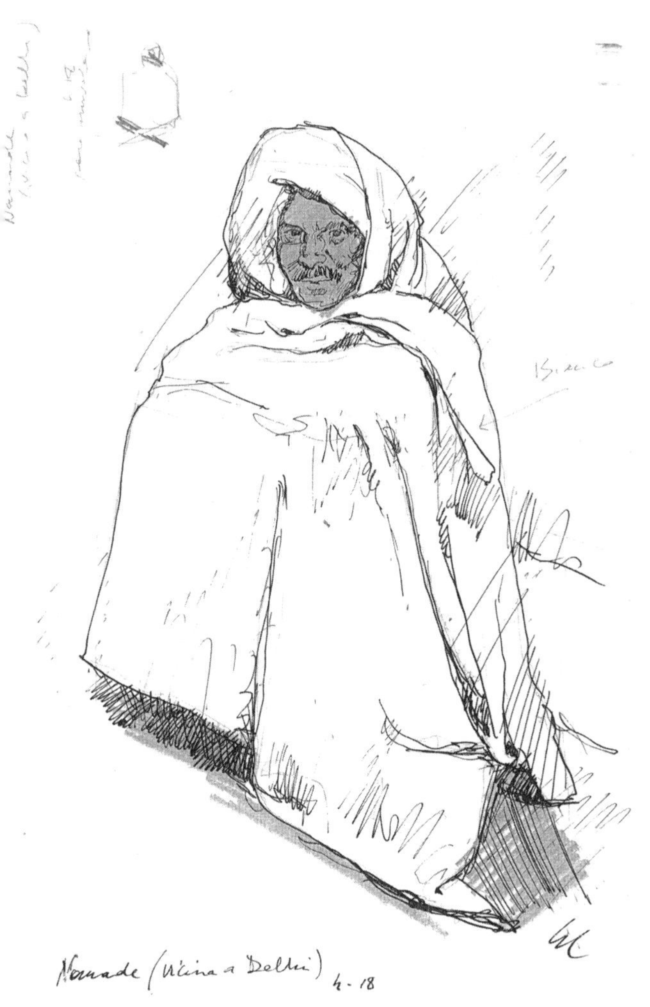

Seiten aus meinem Reiseblock.
Feder und schwarze Chinatusche, Grafit 2B.
Jeweils 20 x 30 cm.

Im Unterschied zu den vorhergehenden Zeichnungen und fast allen in diesem Buch sind dies typische Beispiele von Skizzen, die sehr schnell ausgeführt wurden, und reinen optischen Notizen, ähnlich in mancher Hinsicht den Aufnahmen mit einer Sofortbildkamera, die nur die Spannung der Bewegung und der Pose festhalten, vgl. S. 7.

9 Historische Kostüme

Die Trachten, die etwa bis zum Beginn des 20. Jahrhunderts getragen wurden, geben dem historisch interessierten Künstler eine Menge Gelegenheiten für Figurenstudien. Sie bieten ein reiches Spektrum von zahlreichen unterschiedlichen Schnitten, Farben und ihren Zusammenstellungen, von Accessoires und Schmuck; außerdem ein reiches Spiel von üppigen Falten und Drapierungen, die sich in einem abwechslungsreichen Helldunkel darbieten. Ich habe einige Zeichnungen nach Fotografien angefertigt, die ich beim Aufzug historischer Kostüme des Mittelalters und der Renaissance gemacht habe, der jedes Jahr während des Palio in Asti stattfindet. Die Zeichnungen S. 47, 49 und 51 entstanden nach Modellsitzungen, für die die Darsteller während der Proben vor dem Palio einige Viertelstunden entbehren konnten; die anderen sind in ihren Bewegungen zu flüchtig und kompliziert, um sie nachzustellen. In diesen Fällen war es dann recht nützlich, zusätzlich zu den Fotos auch eine schnelle Skizze nach der Natur zu erstellen.

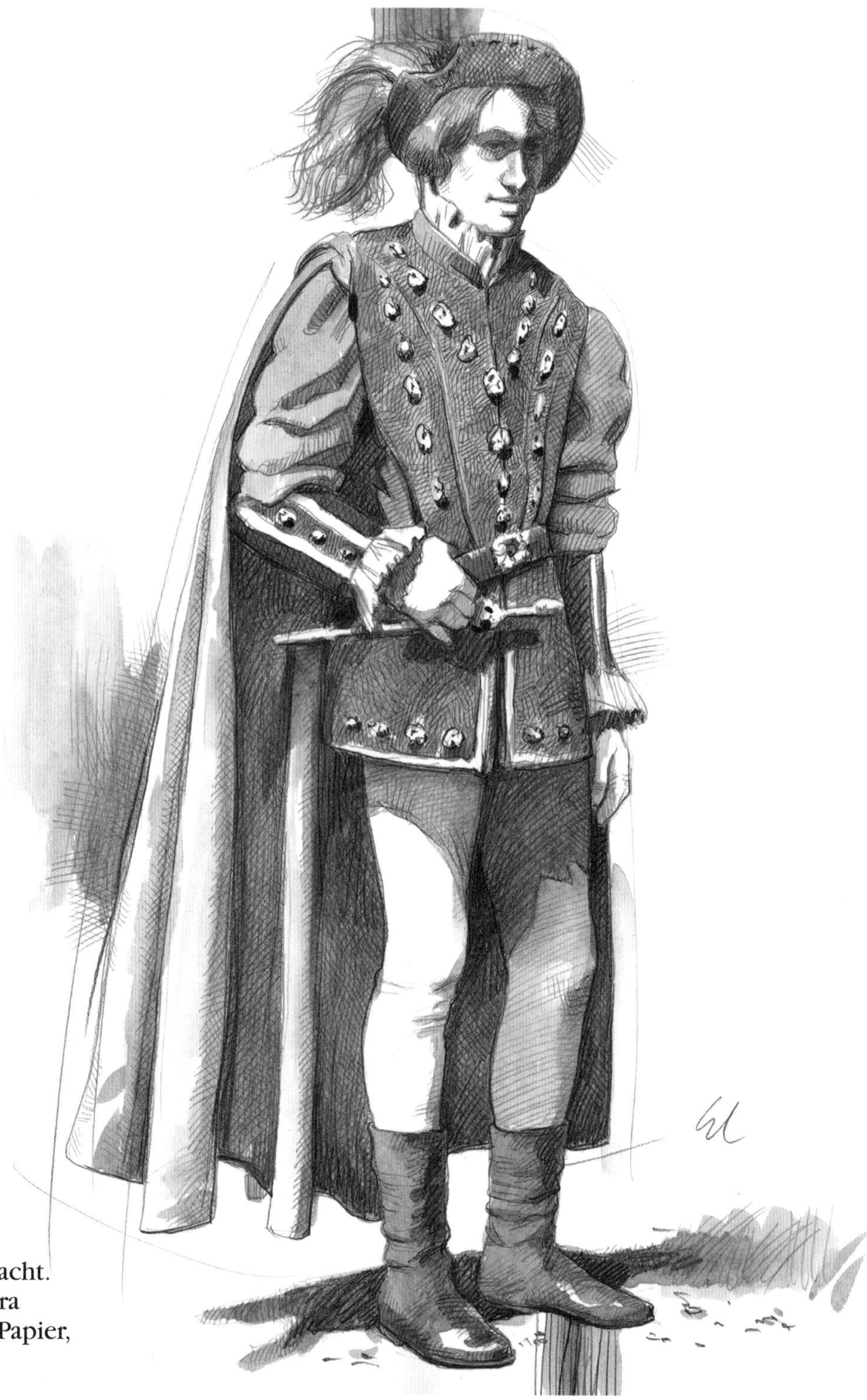

Darsteller in historischer Tracht.
Grafit H, HB, 2B und Tempera gebrannte Siena auf rauem Papier, 33 x 48 cm.

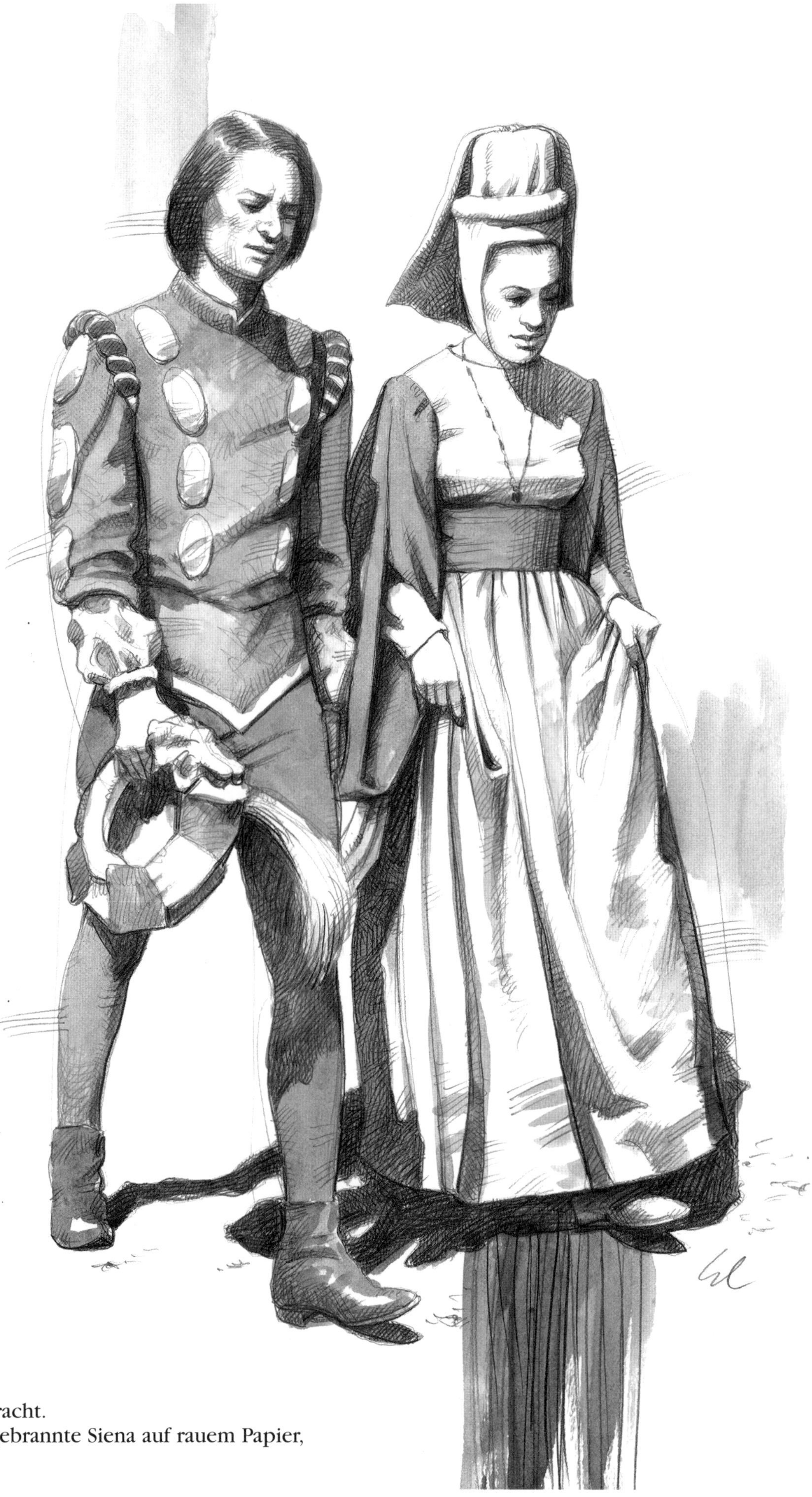

Darsteller in historischer Tracht.
Grafit H, 2B und Tempera gebrannte Siena auf rauem Papier,
33 x 48 cm.

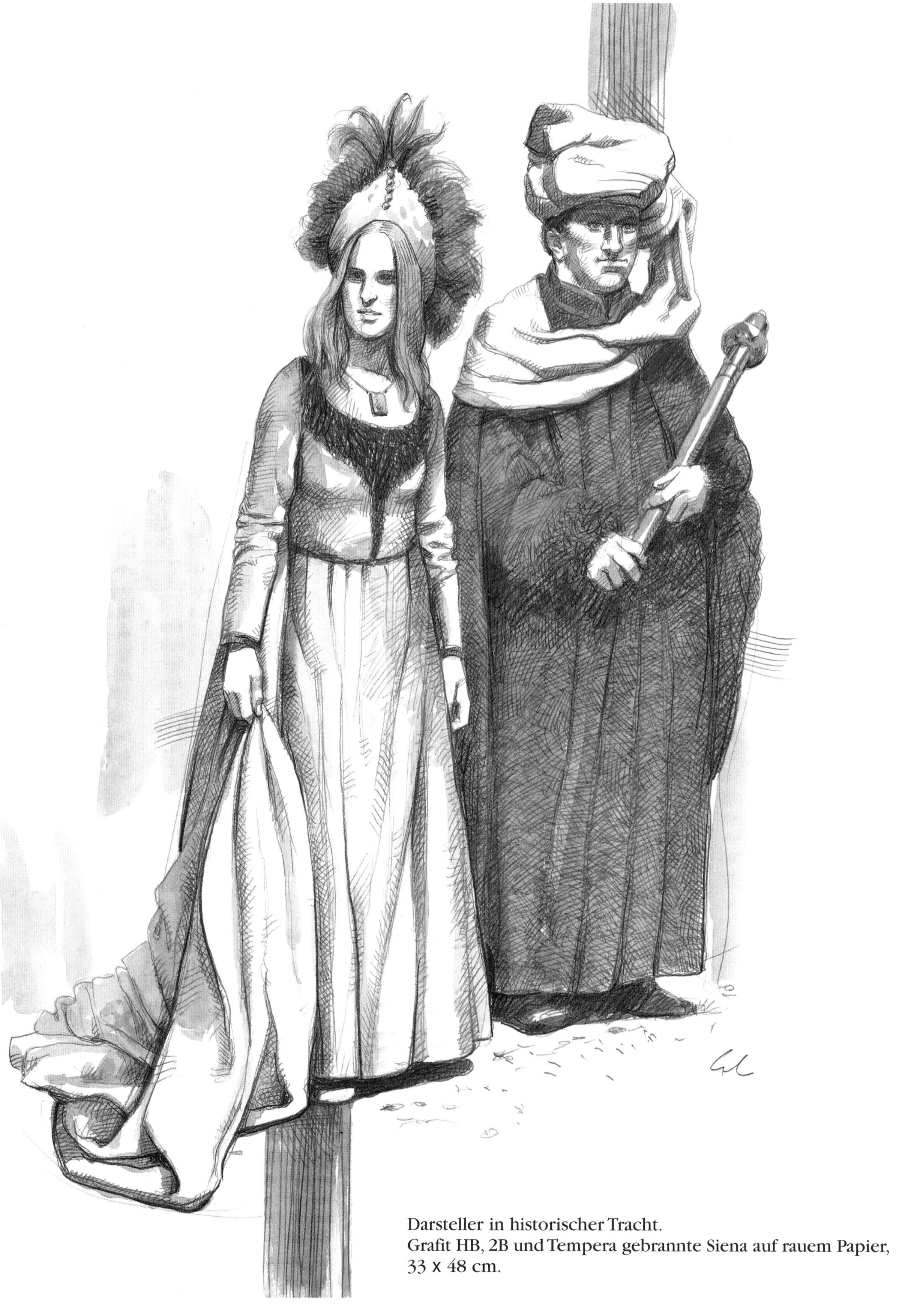

Darsteller in historischer Tracht.
Grafit HB, 2B und Tempera gebrannte Siena auf rauem Papier,
33 x 48 cm.

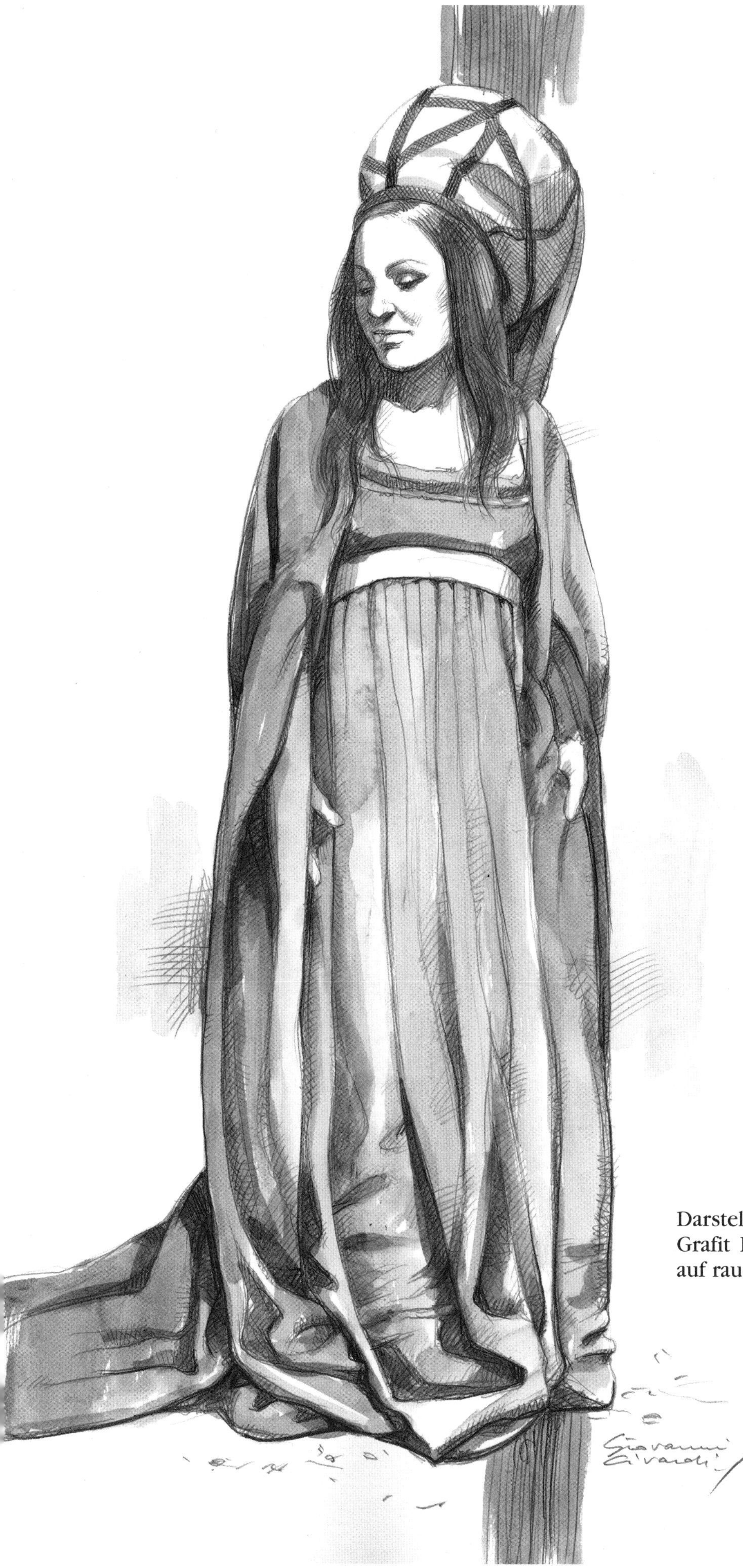

Darstellerin in historischer Tracht.
Grafit HB, 2B und Tempera gebrannte Siena auf rauem Papier, 33 x 48 cm.

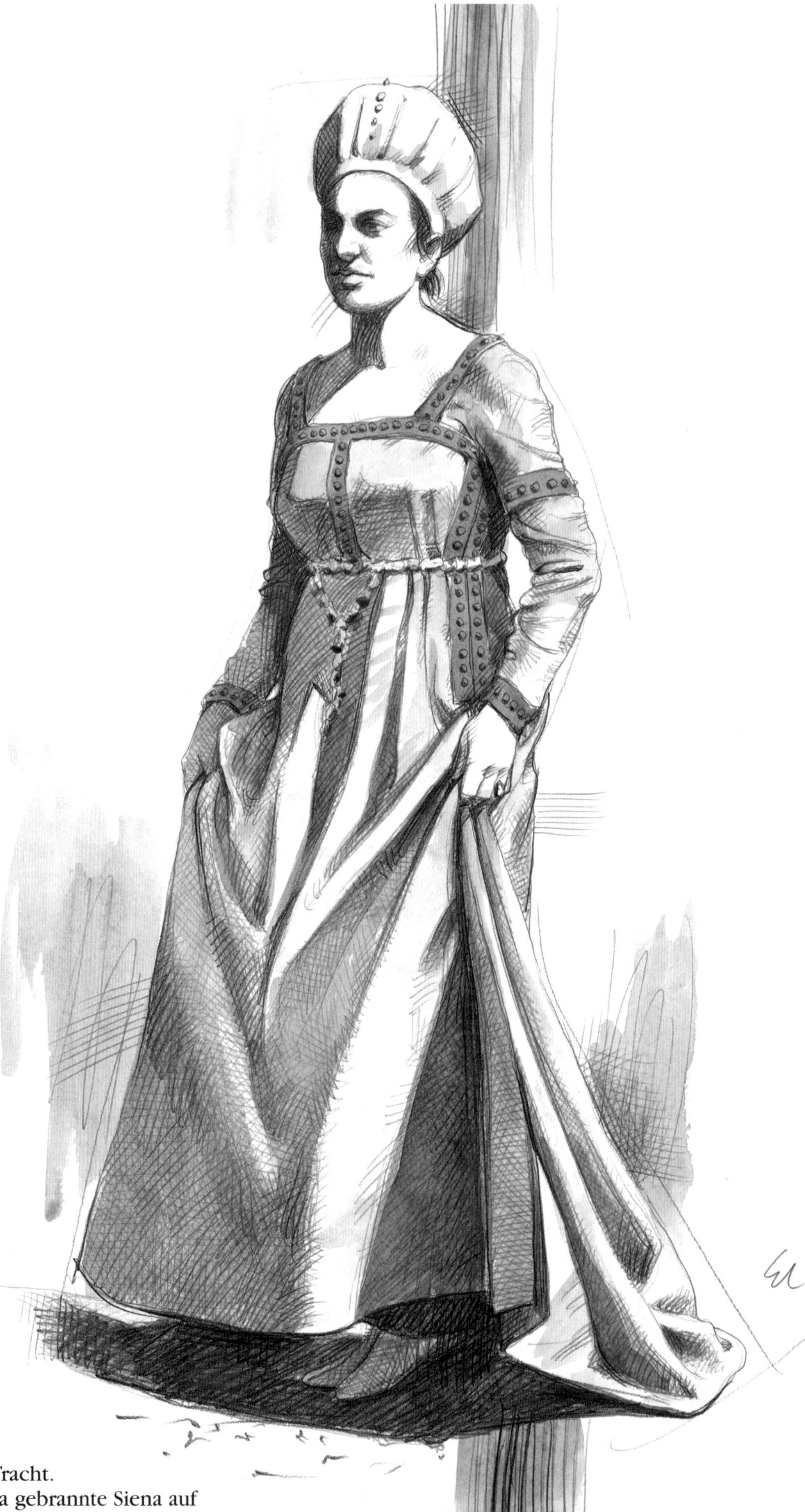

Darstellerin in historischer Tracht.
Grafit H, HB, 2B und Tempera gebrannte Siena auf rauem Papier, 33 x 48 cm.

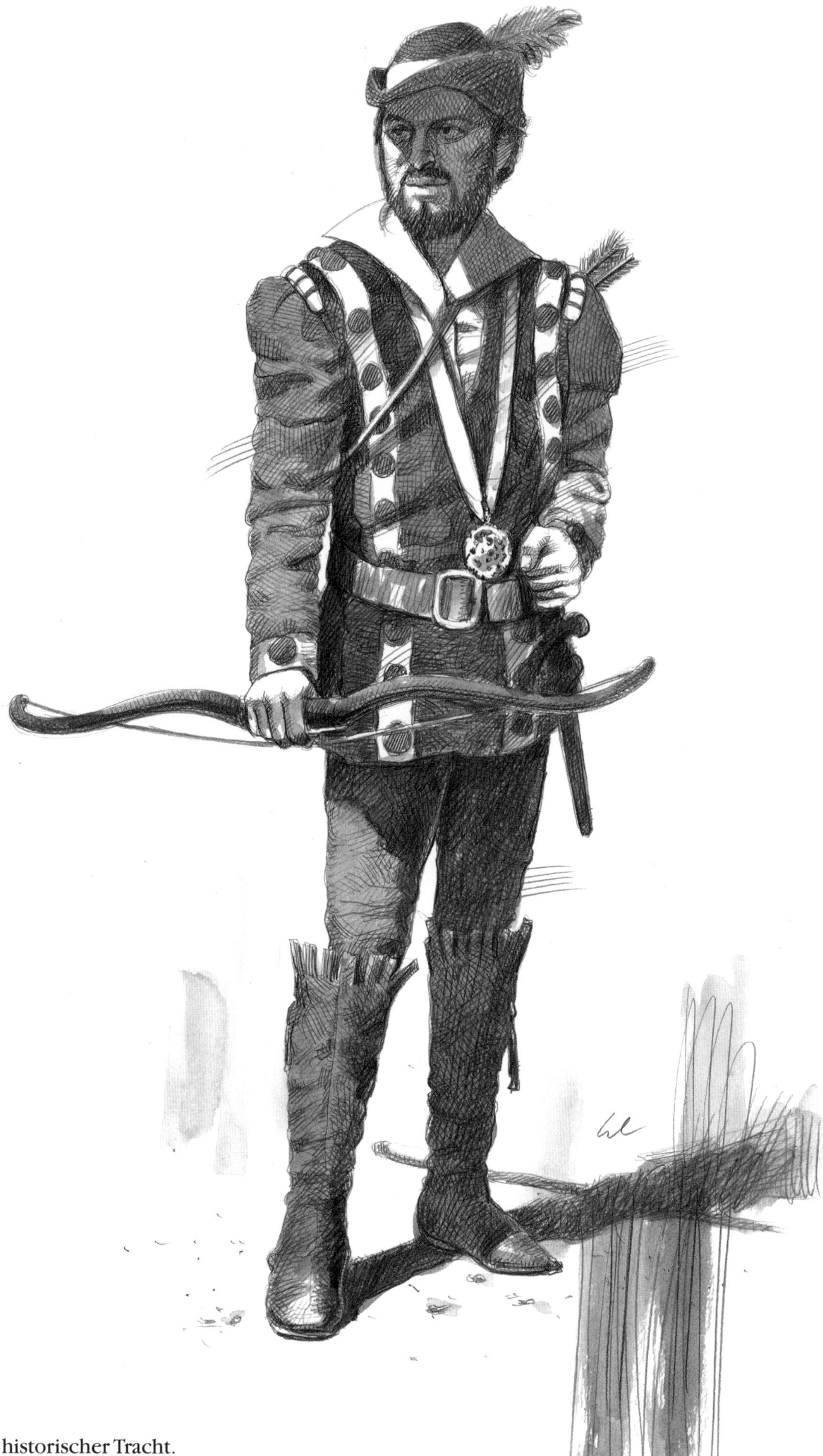

Darsteller in historischer Tracht.
Grafit H, HB, 2B und Sepia auf rauem Papier, 33 x 48 cm.

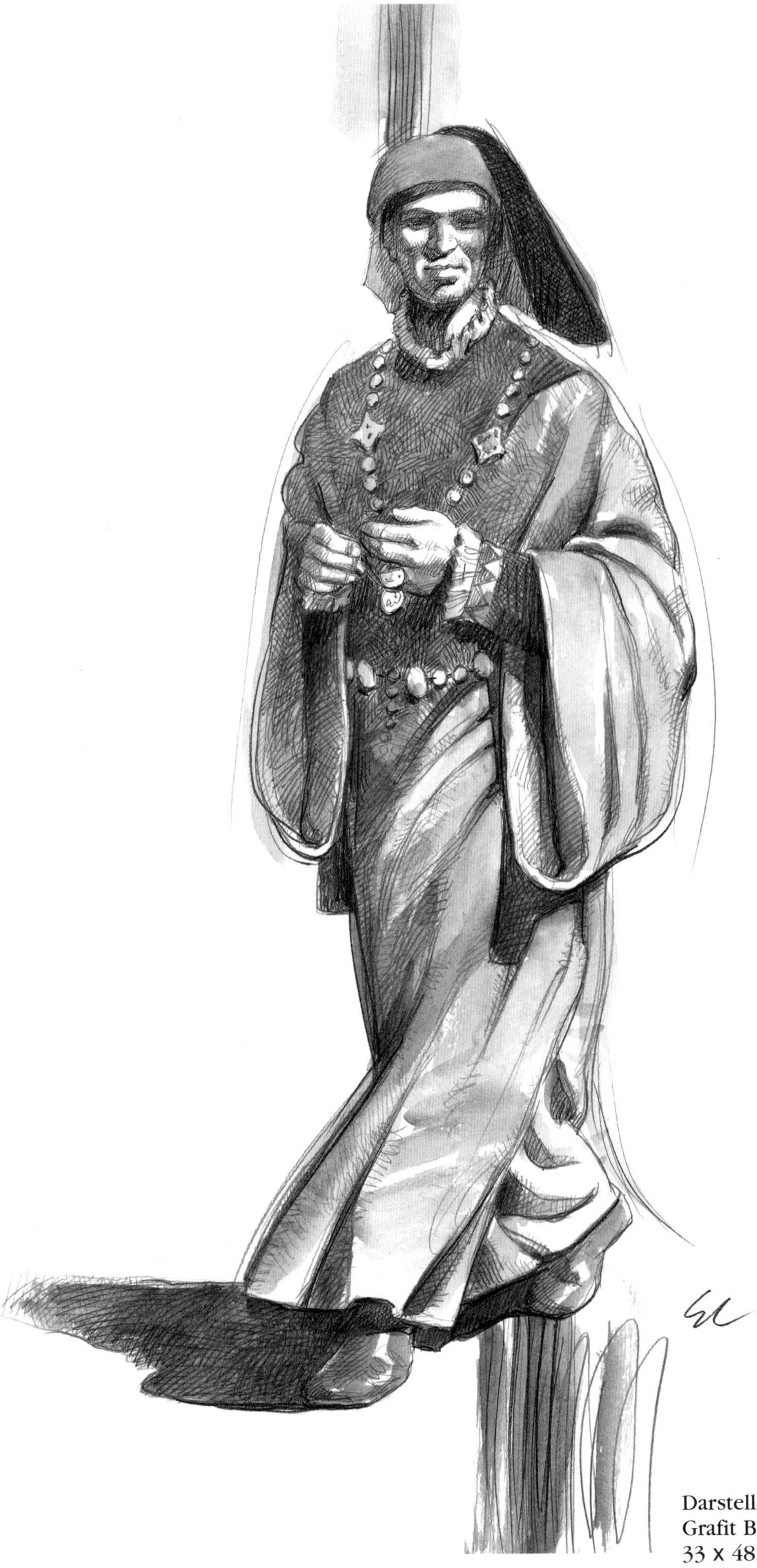

Darsteller in historischer Tracht.
Grafit B, 2B und Sepia auf rauem Papier,
33 x 48 cm.

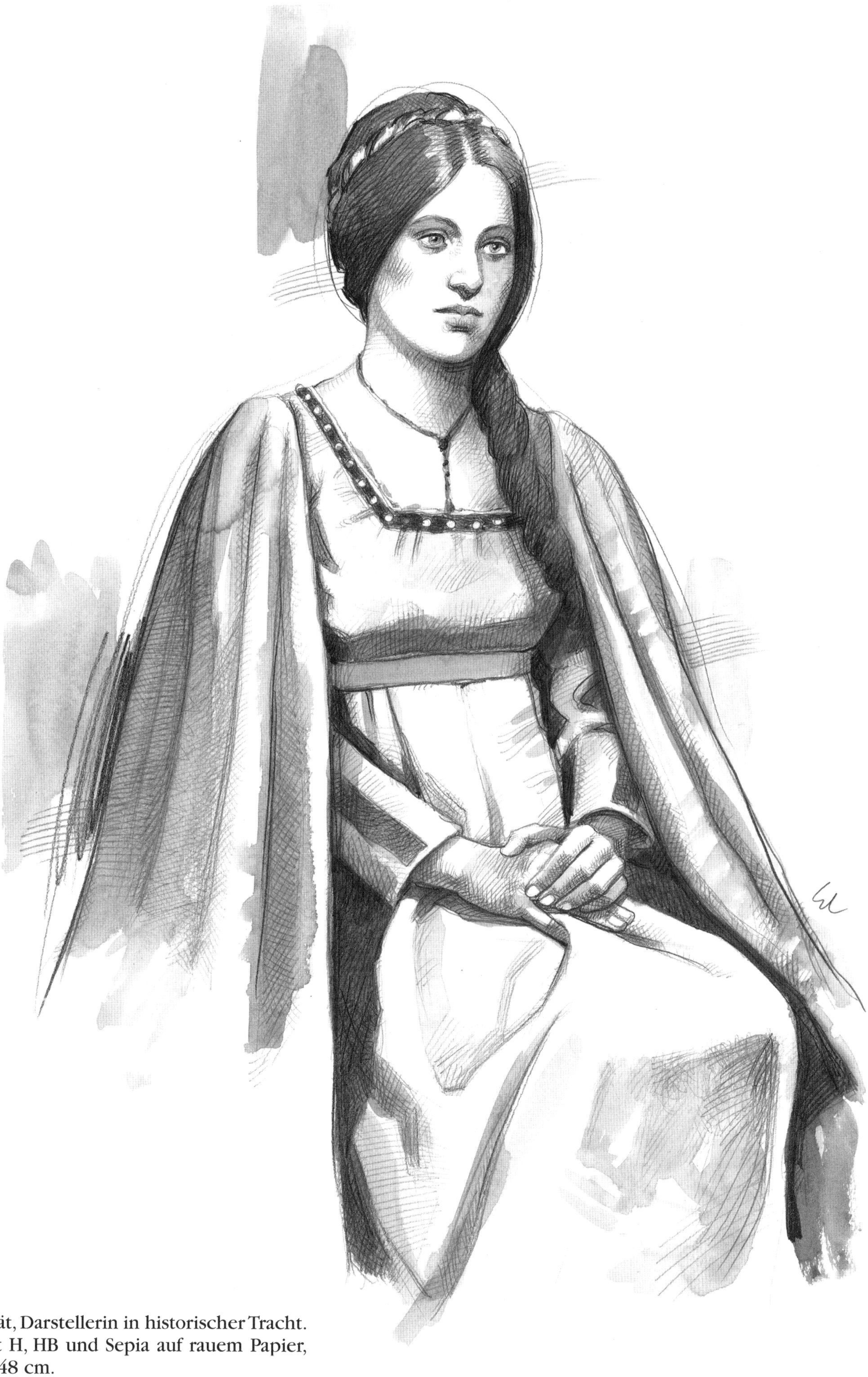

Porträt, Darstellerin in historischer Tracht.
Grafit H, HB und Sepia auf rauem Papier,
33 x 48 cm.

10 Gruppen

Parks, öffentliche Plätze, Ausflugsorte, Märkte, Einkaufszentren, Sportplätze, Restaurants ... überall an solchen Orten und auch noch woanders treffen sich Leute und bilden Gruppen, ob sie es wollen oder nicht. Der Künstler sollte sich diese Gelegenheiten nicht entgehen lassen und, anstatt eine Figur aus ihr gesondert zu betrachten, mehrere von ihnen zusammen abbilden und sich darin üben, sie bei der Kommunikation, einer gemeinsamen Handlung oder auch nur einem zufälligen Zusammentreffen darzustellen. Es ist eine gute Übung für die Komposition, wenn man die spontane und zufällige Ansicht der Gruppe ausnutzt und in einer schnellen Skizze die bedeutsamsten Elemente der Menschen und ihrer Umgebung festhält. Wenn Sie aber dann nach einiger Zeit Ihre Entwürfe und Skizzen nicht nur unter ästhetischen Gesichtspunkten betrachten, sondern daraufhin, wie die Figuren auf dem Blatt angeordnet sind, werden Sie einige interessante und lehrreiche Dinge entdecken, wie man sozusagen intuitiv solche Gruppenkompositionen erfasst.

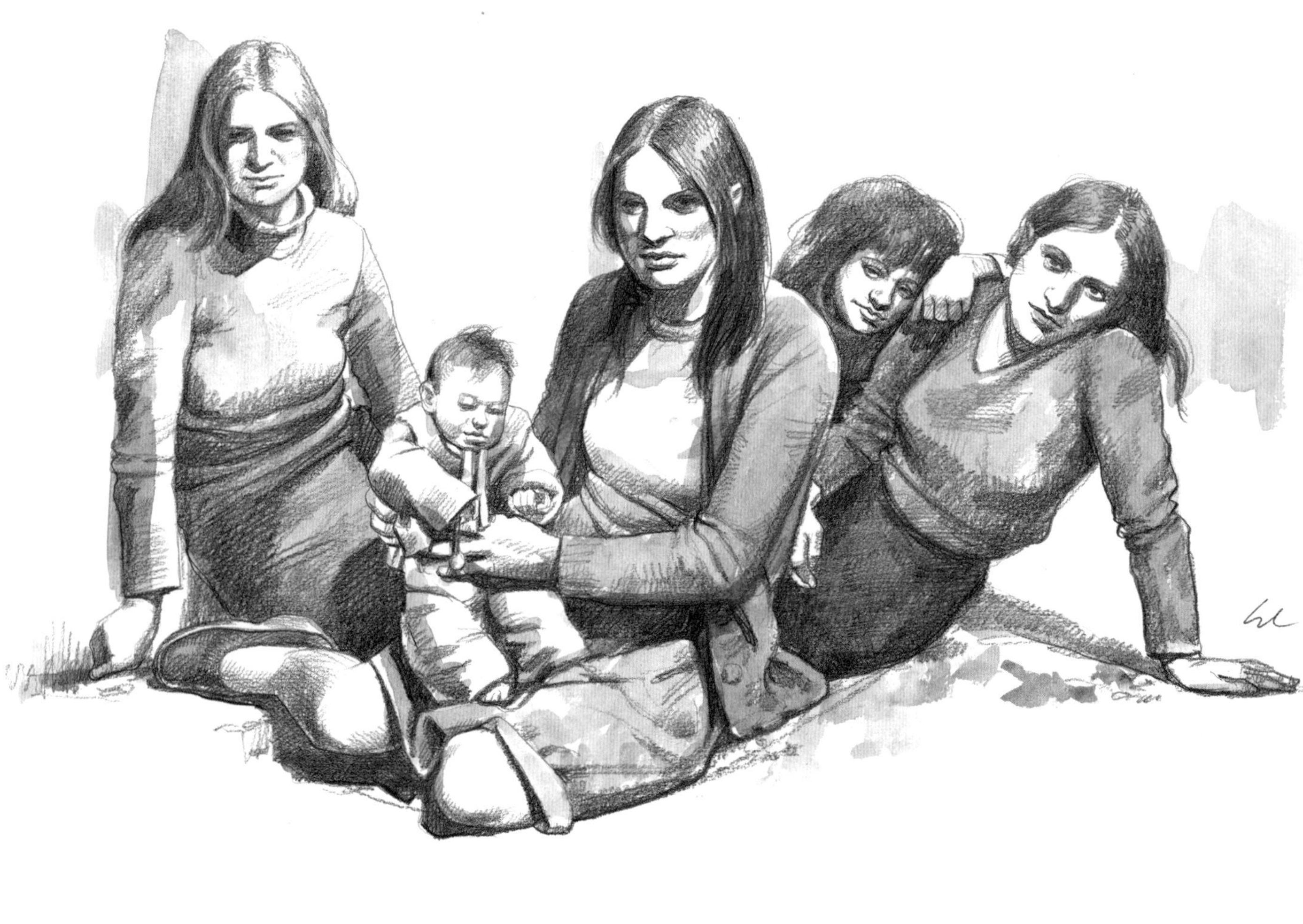

Sinti-Familie.
Grafit 2B, 6B und Sepia auf rauem Papier, 33 x 48 cm.

Diese Gruppe von Schwestern wurde in einer heiteren Stimmung und entspannter Pose wiedergegeben und ich habe mich bemüht, dieses Porträt ohne Zeitdruck auszuführen. Die Personen sind nicht symmetrisch angeordnet, aber ihre zufällige und unwillkürliche Anordnung hat dennoch ein gewisses sozusagen dynamisches Gleichgewicht voller Spannungen und Kontraste, die sich in der Haltung der Arme oder der Neigung der Köpfe ausdrückt. Die Textur der Gewänder verstärkt und vervollständigt den perspektivischen Eindruck und das plastische Volumen der Figuren.

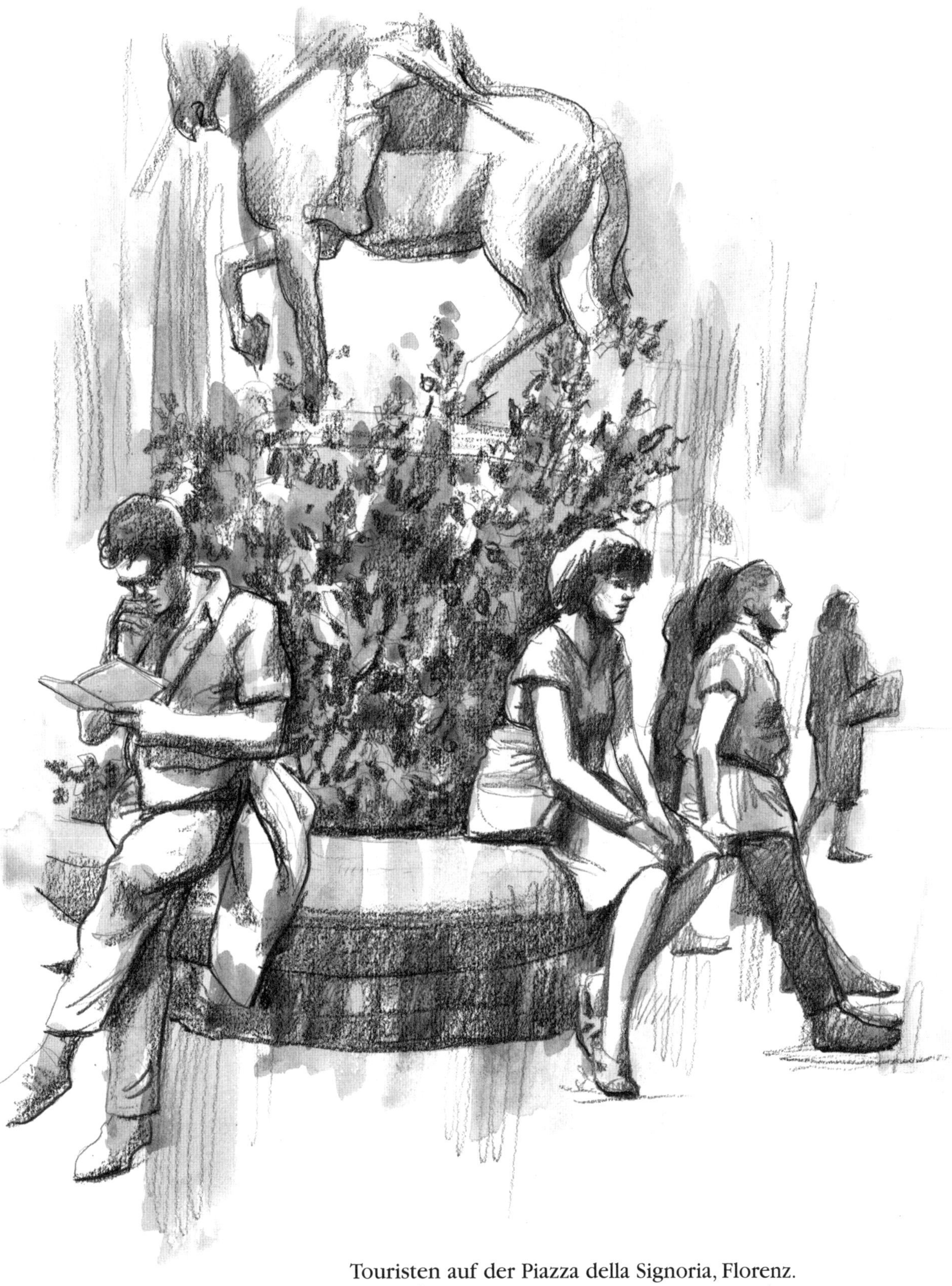

Touristen auf der Piazza della Signoria, Florenz.
Grafit 6B und Sepia auf rauem Papier, 33 x 48 cm.

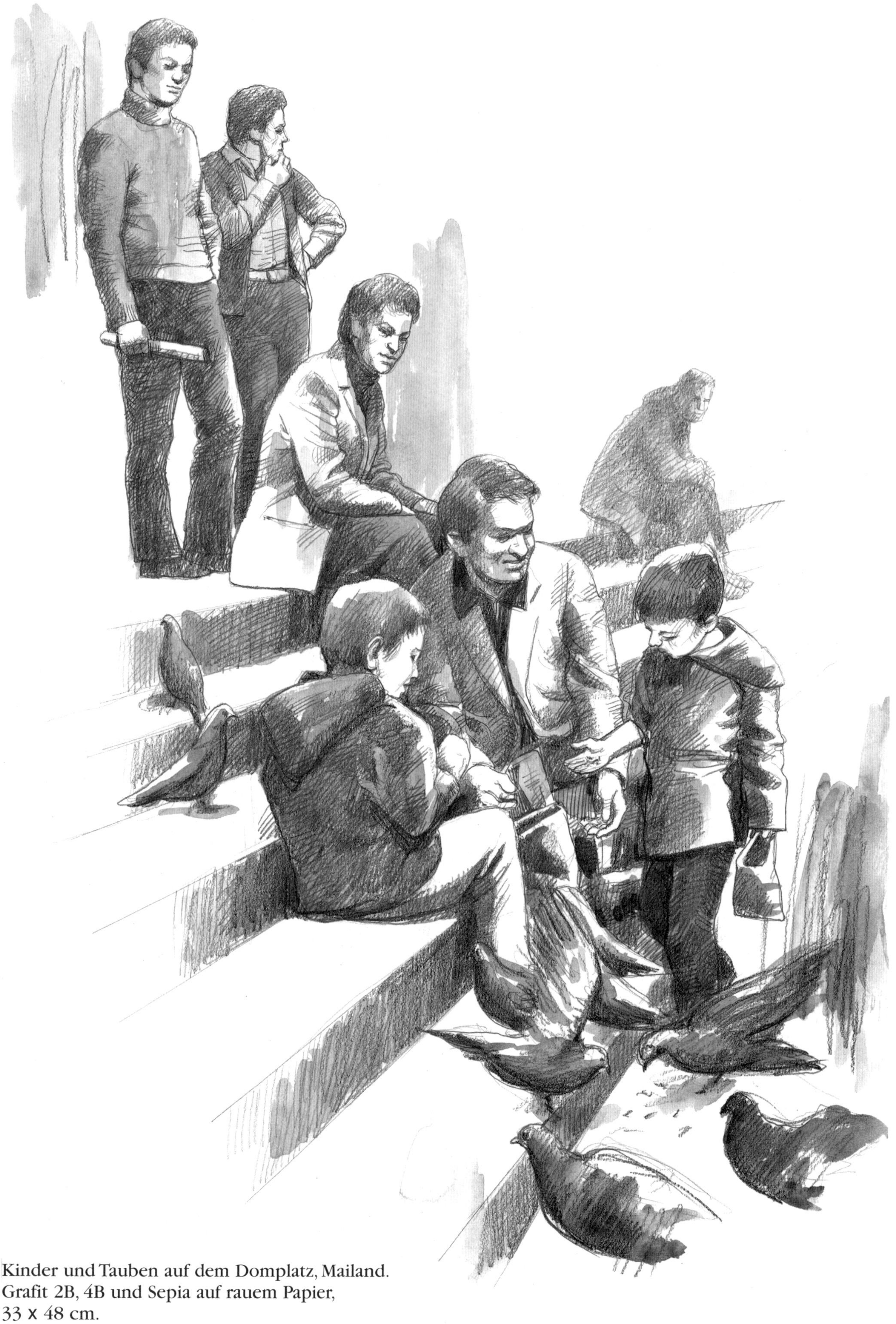

Kinder und Tauben auf dem Domplatz, Mailand.
Grafit 2B, 4B und Sepia auf rauem Papier,
33 x 48 cm.

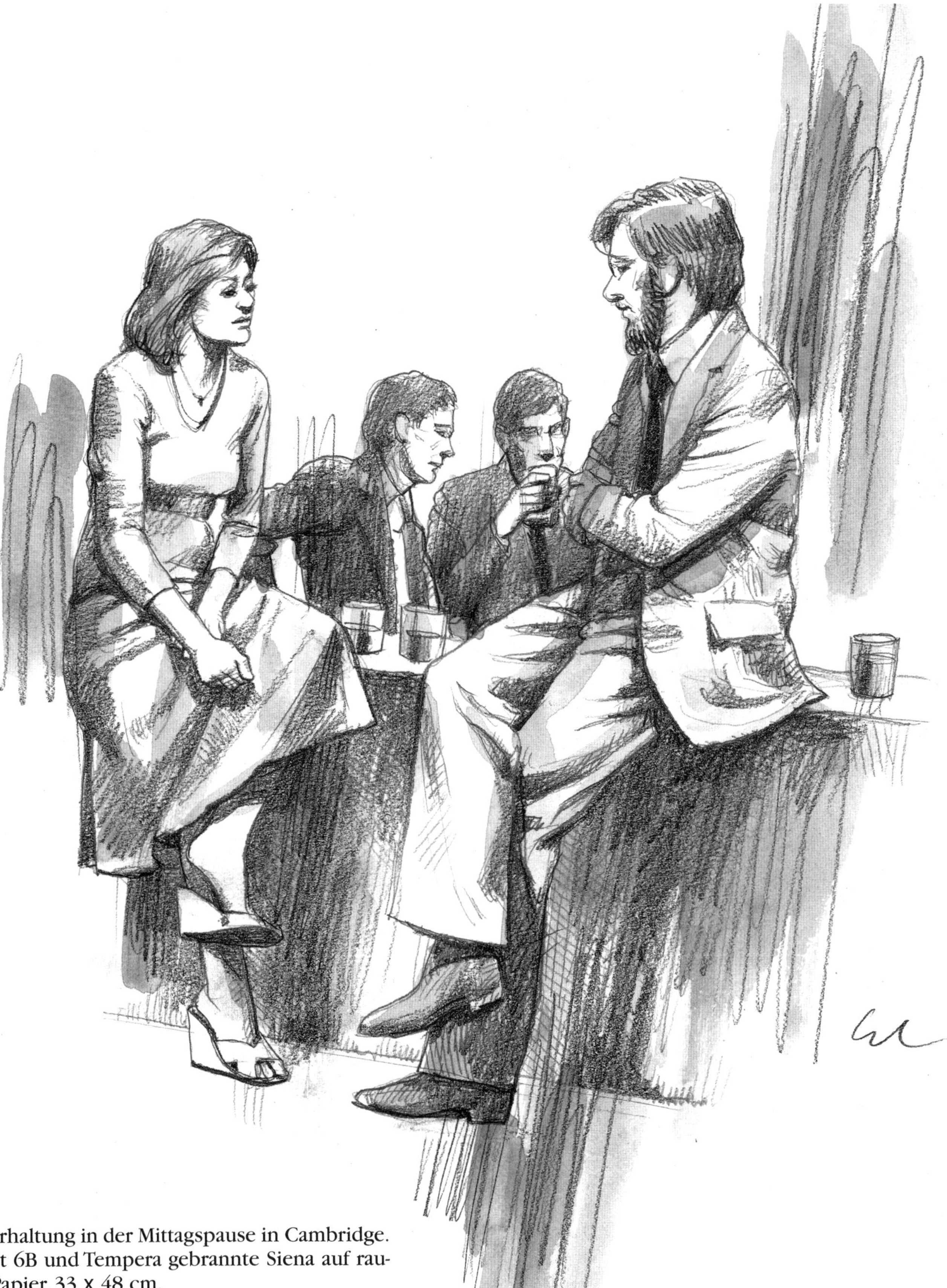

Unterhaltung in der Mittagspause in Cambridge. Grafit 6B und Tempera gebrannte Siena auf rauem Papier, 33 x 48 cm.

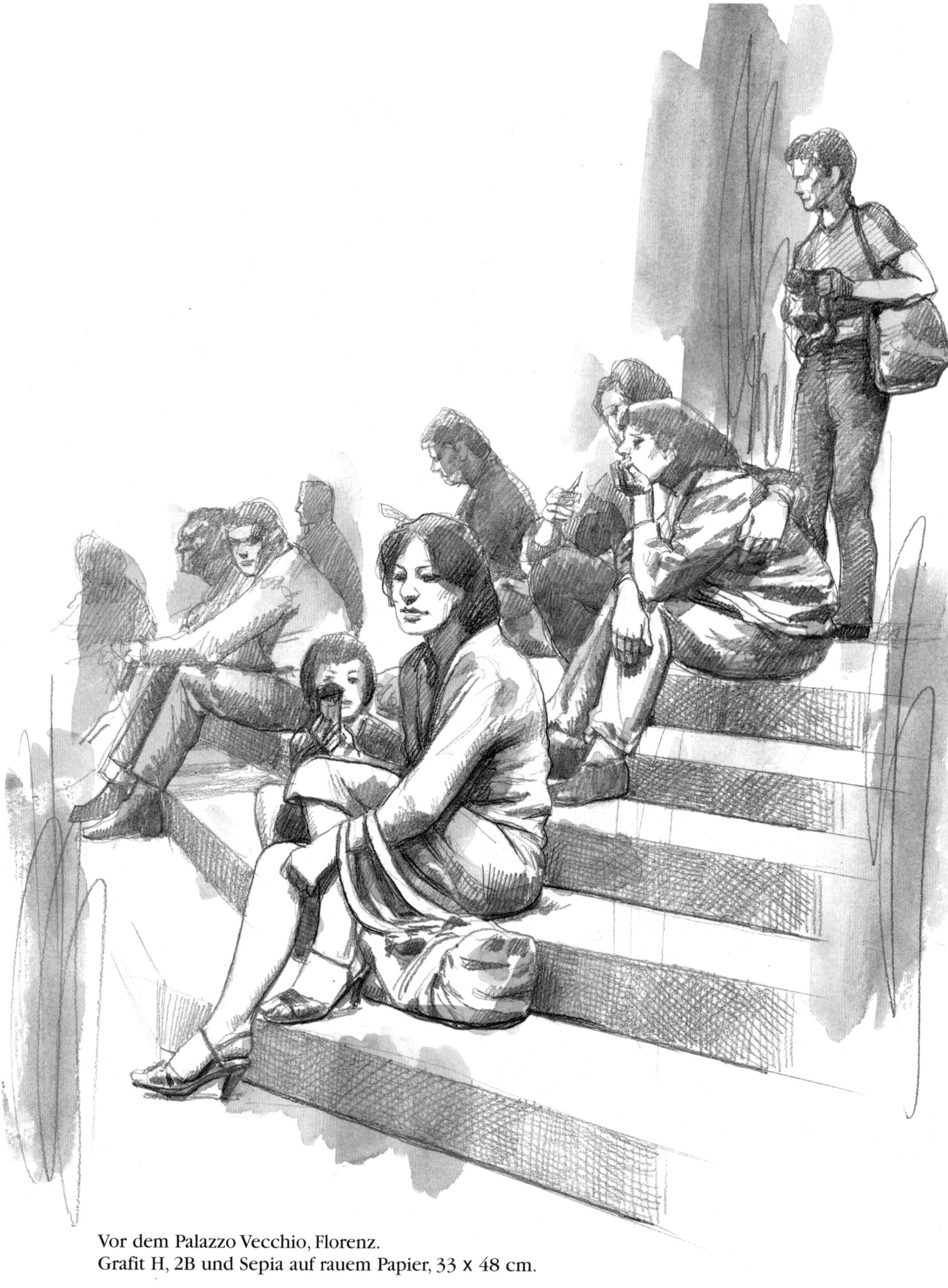

Vor dem Palazzo Vecchio, Florenz.
Grafit H, 2B und Sepia auf rauem Papier, 33 x 48 cm.

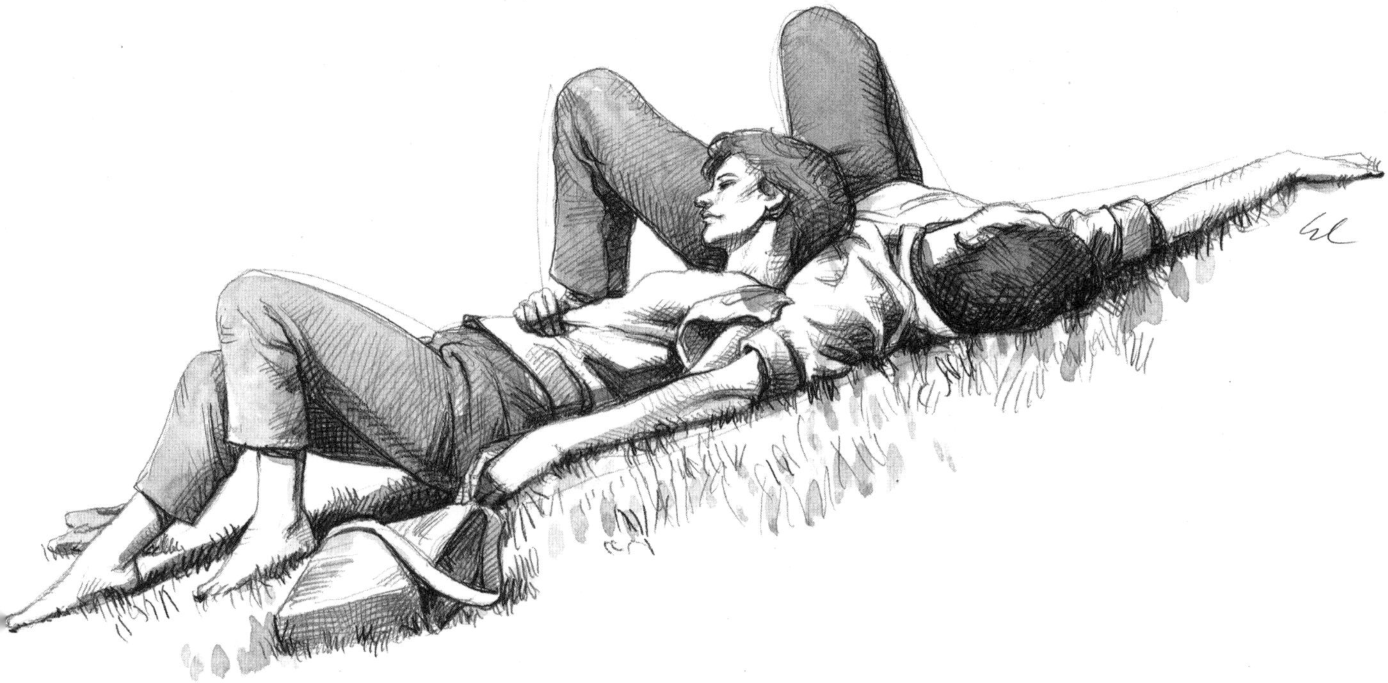

Erste Sonnenstrahlen.
Grafit 2B, 4B und Sepia auf rauem Papier, 33 x 48 cm.

Die diagonale Anordnung dieser beiden Personen, die sich entspannt und in einem Gestus zärtlicher Verbundenheit auf einer Wiese bei der Villa Borghese in Rom ausruhen, erregte gleich mein Interesse. Vielleicht, weil ich in den langen Jahren, in denen ich als Illustrator von Liebesgeschichten gearbeitet habe, eine gewisse Empfindsamkeit für solche Situationen entwickelt habe ...
Die Kleidung habe ich hier nur sehr summarisch wiedergegeben; es reichten einige Falten an den wesentlichen Stellen wie den Knien oder den Schultern, um den Verlauf der Stoffe und die anatomische Struktur darunter wiederzugeben.

11 Blickwinkel und Haltung

Man muss einen Menschen natürlich nicht unbedingt aus dem Blickwinkel zeichnen, aus dem man ihn bemerkt hat. Wenn es sich um eine Stellung handelt, die das Modell offensichtlich über einen längeren Zeitraum einzunehmen gewillt ist, können Sie ja versuchen, ein wenig drum herumzugehen und mehrere mögliche Blickwinkel abzuschreiten und z. B. abzuschätzen, ob es im Profil attraktiver erscheint als in der Vorderansicht. Oder Sie warten, ob es eine kleine Bewegung macht und sich anders und vielleicht ein wenig interessanter und aussagekräftiger platziert; dabei laufen Sie natürlich Gefahr, dass es ganz weggeht. Aber dies ist kein Beinbruch, so haben Sie vielleicht die Gelegenheit zu einer Zeichnung nach der Natur verpasst, aber Ihre Beobachtungen der Szenerie können sich ebenfalls als sehr nützlich für zukünftige Versuche erweisen. Die Unmittelbarkeit einer Bewegung zusammen mit einer gelungenen Komposition können eine Skizze oder eine Zeichnung ergeben, die es sich möglicherweise lohnt, zu einem größeren und aufwendigeren Werk auszuarbeiten.

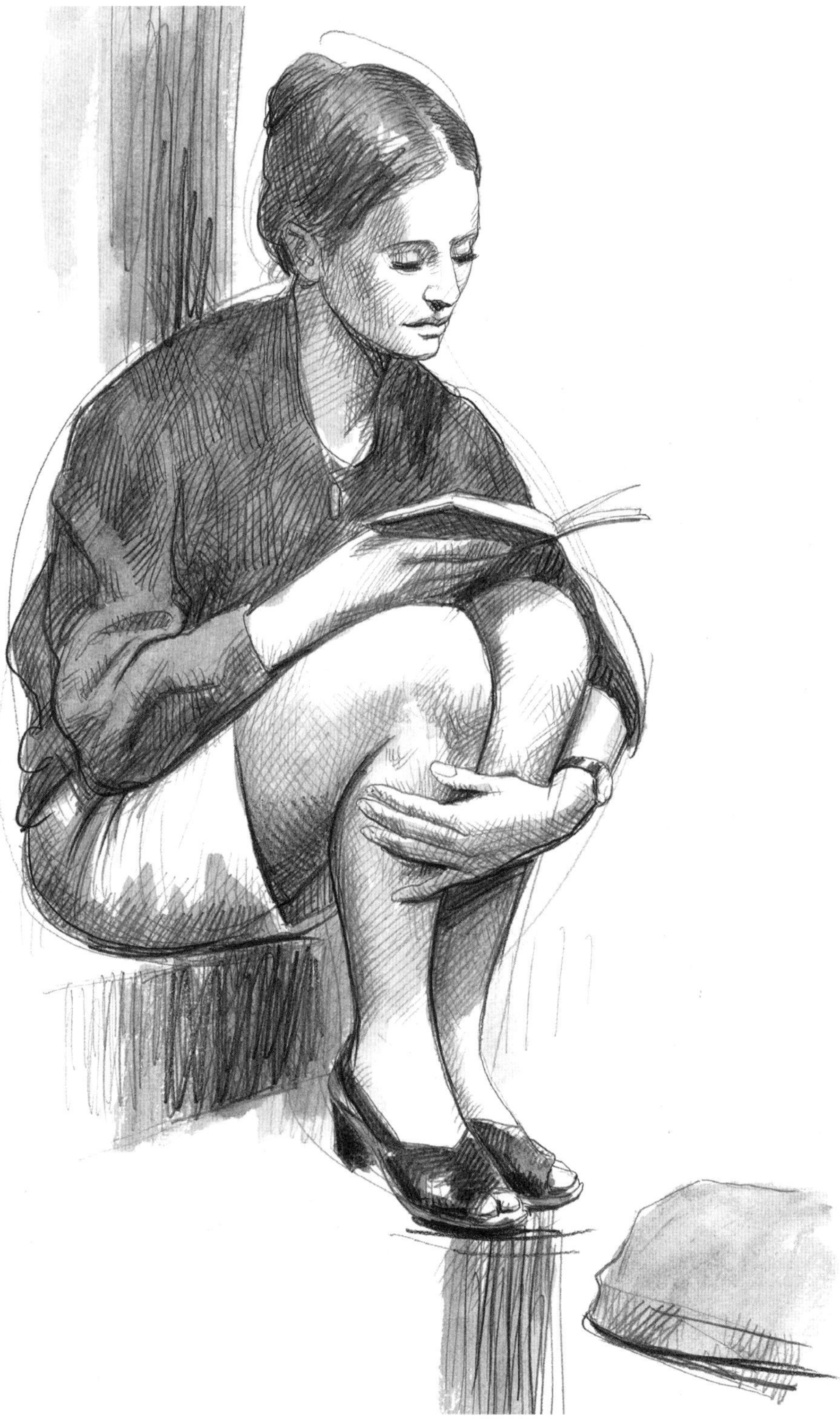

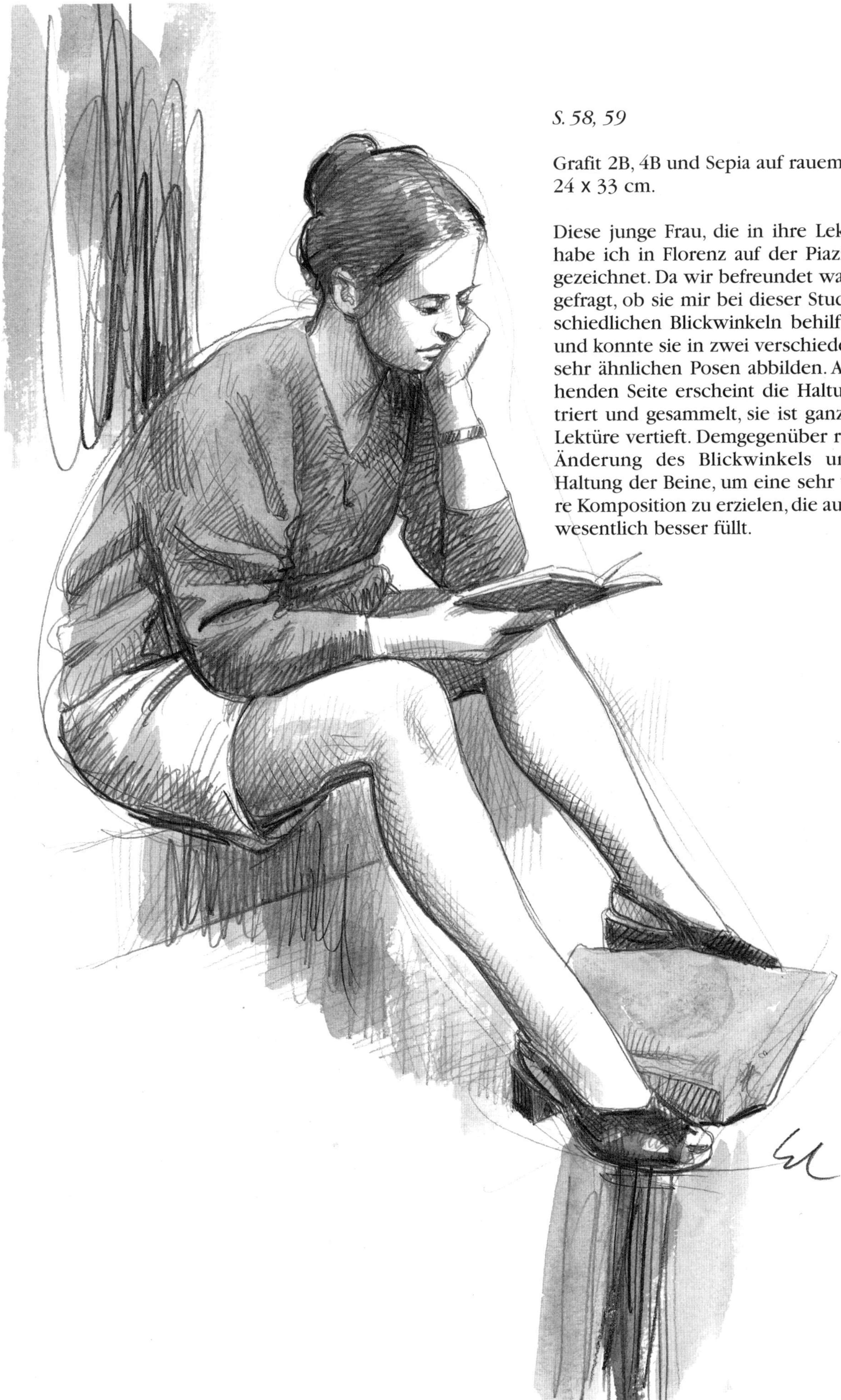

S. 58, 59

Grafit 2B, 4B und Sepia auf rauem Papier, 24 x 33 cm.

Diese junge Frau, die in ihre Lektüre vertieft ist, habe ich in Florenz auf der Piazza della Signoria gezeichnet. Da wir befreundet waren, habe ich sie gefragt, ob sie mir bei dieser Studie zu den unterschiedlichen Blickwinkeln behilflich sein könne, und konnte sie in zwei verschiedenen, wenn auch sehr ähnlichen Posen abbilden. Auf der vorhergehenden Seite erscheint die Haltung sehr konzentriert und gesammelt, sie ist ganz und gar in ihre Lektüre vertieft. Demgegenüber reicht eine kleine Änderung des Blickwinkels und eine andere Haltung der Beine, um eine sehr viel bedeutsamere Komposition zu erzielen, die außerdem das Blatt wesentlich besser füllt.

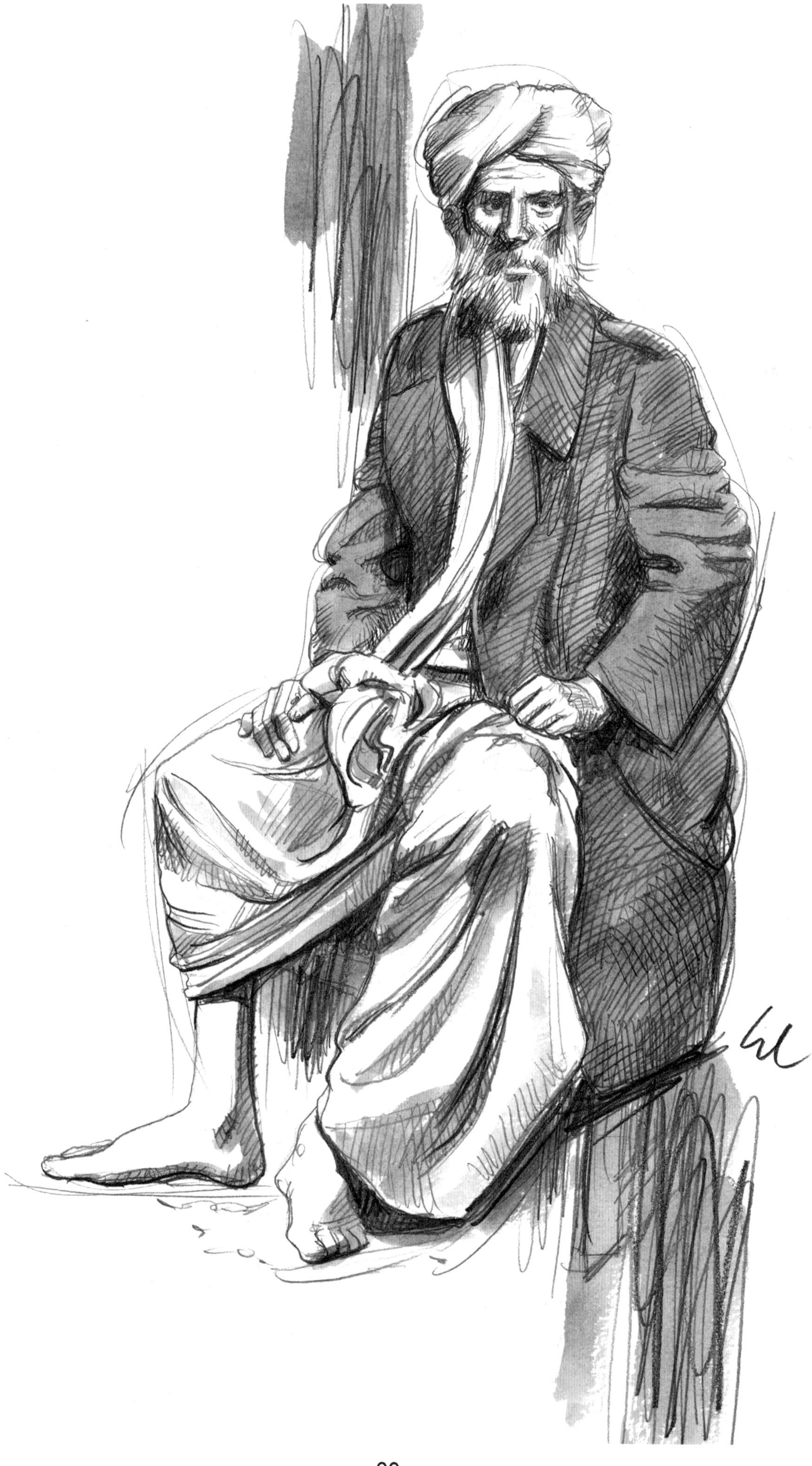

S. 60, 61

Grafit 2B, 4B und Sepia auf rauem Papier, 24 x 33 cm.

Dieser alte Soldat, den ich in Bikaner porträtiert habe, hatte sehr viel Geduld und Verständnis. Im Verlaufe einiger Tage, nachdem mir sein majestätischer und würdevoller Anblick ins Auge gefallen war, konnte ich sein Vertrauen gewinnen und viele Zeichnungen von ihm machen. Die beiden hier abgebildeten zeigen ihn in derselben Pose aus unterschiedlichen Blickwinkeln. Auf der ersten Zeichnung kommen vor allem Würde und Stolz zum Ausdruck, auf der zweiten hingegen, die auch als Komposition interessanter ist, tritt dieser Eindruck sehr stark zurück gegenüber einer gewissen Schwermut und Nachdenklichkeit.

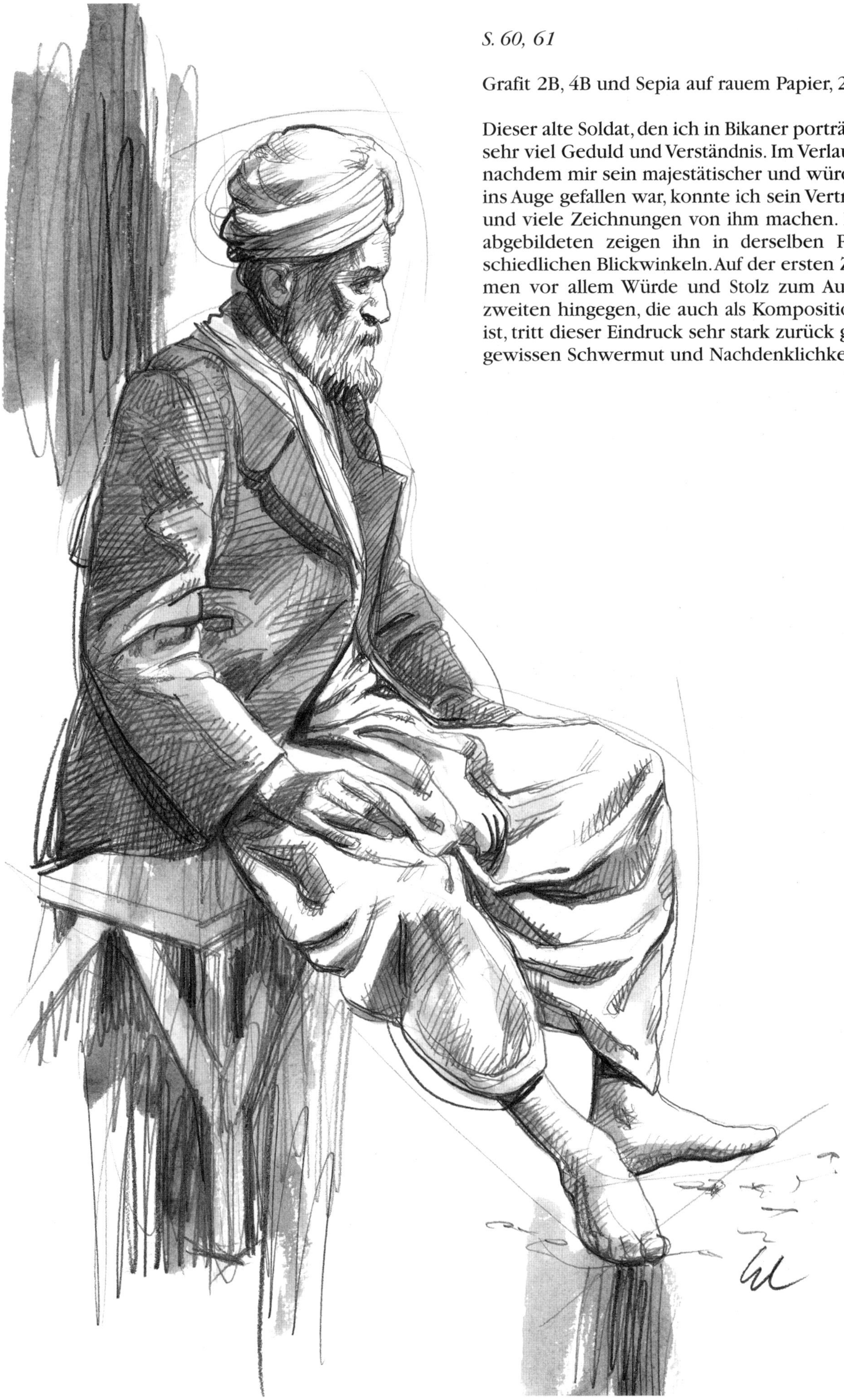

S. 62, 63

Grafit B, 2B und Sepia auf rauem Papier, 24 x 33 cm.

Diese beiden Zeichnungen habe ich nach Fotos gemacht, da das Modell, eine mir fremde Touristin in Florenz, sich nur kurz hingesetzt hatte, um etwas nachzuschlagen, und jeden Augenblick weitergehen konnte. Die beiden Posen sind fast dieselben, und welcher man den Vorzug gibt, hängt in diesem Fall wirklich vom persönlichen Geschmack ab. Beide sind jedoch auf ihre Weise interessant: Auf der ersten Skizze, die ein wenig von der Seite und von unten aufgenommen ist, kommt vor allem das Augenblickliche der Situation gut zum Ausdruck, während sie auf der zweiten statischer wirkt, aber die Komposition ausgewogener und bedeutsamer ist.

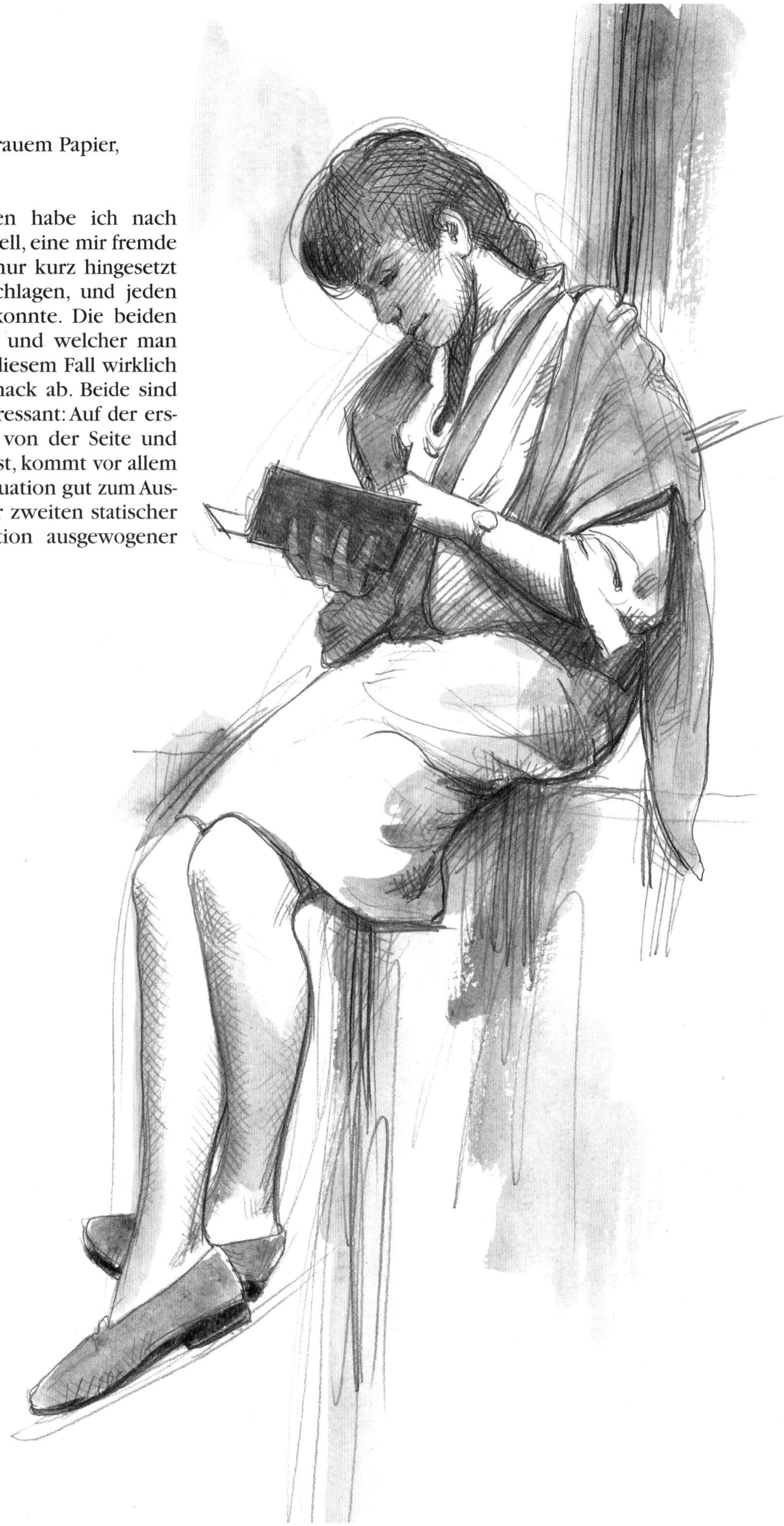

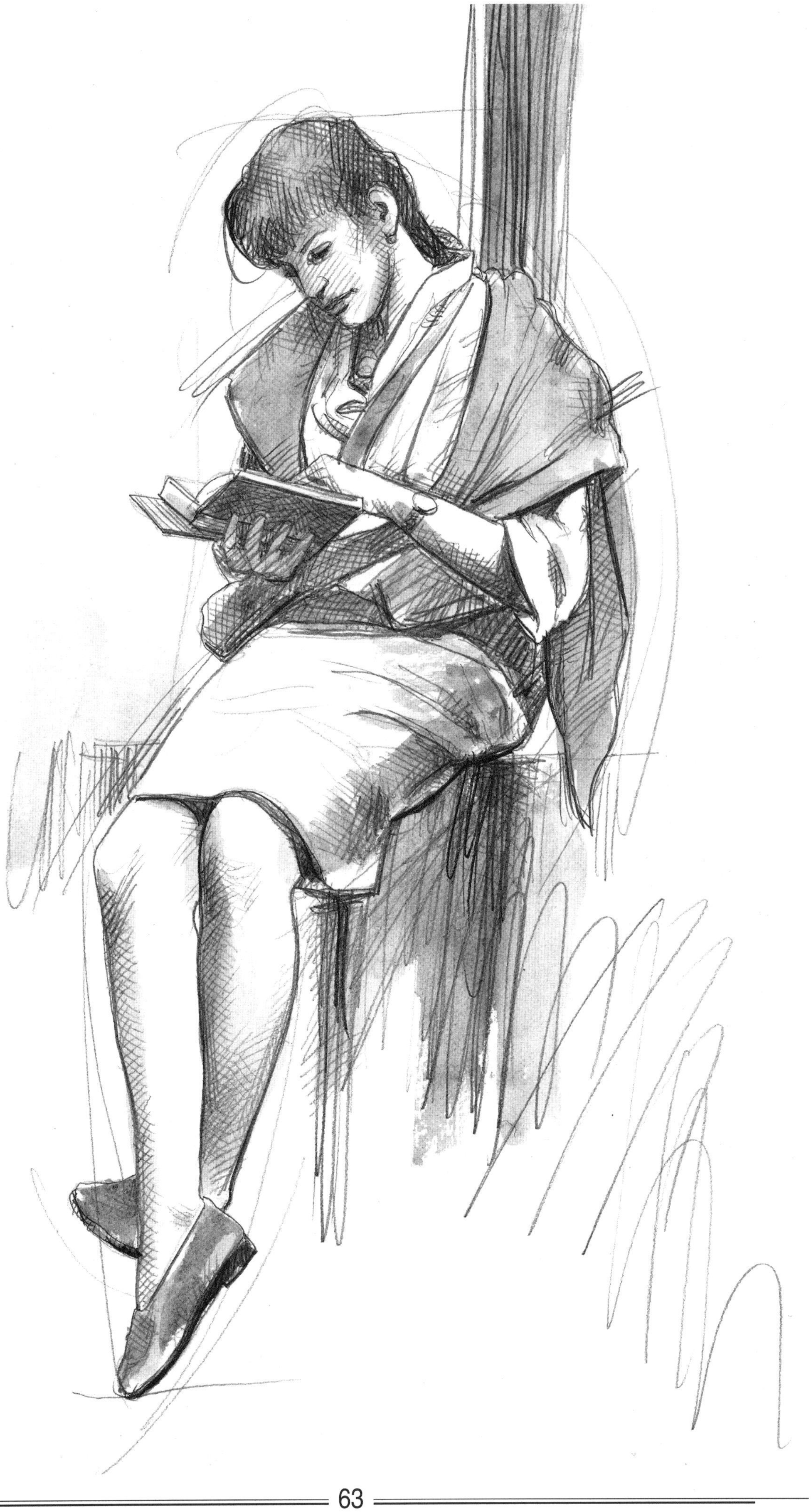

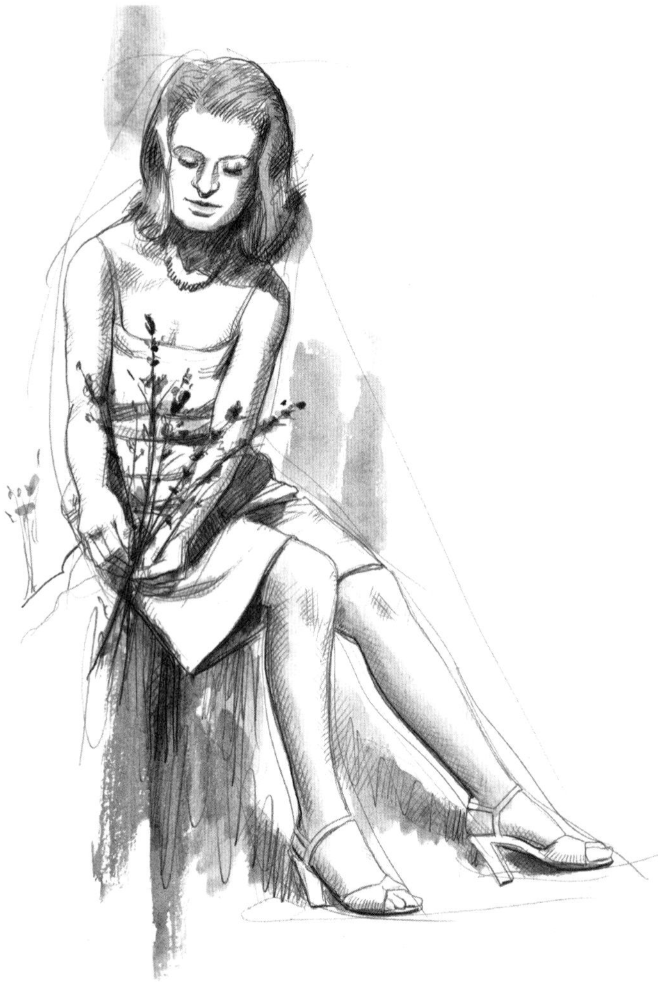

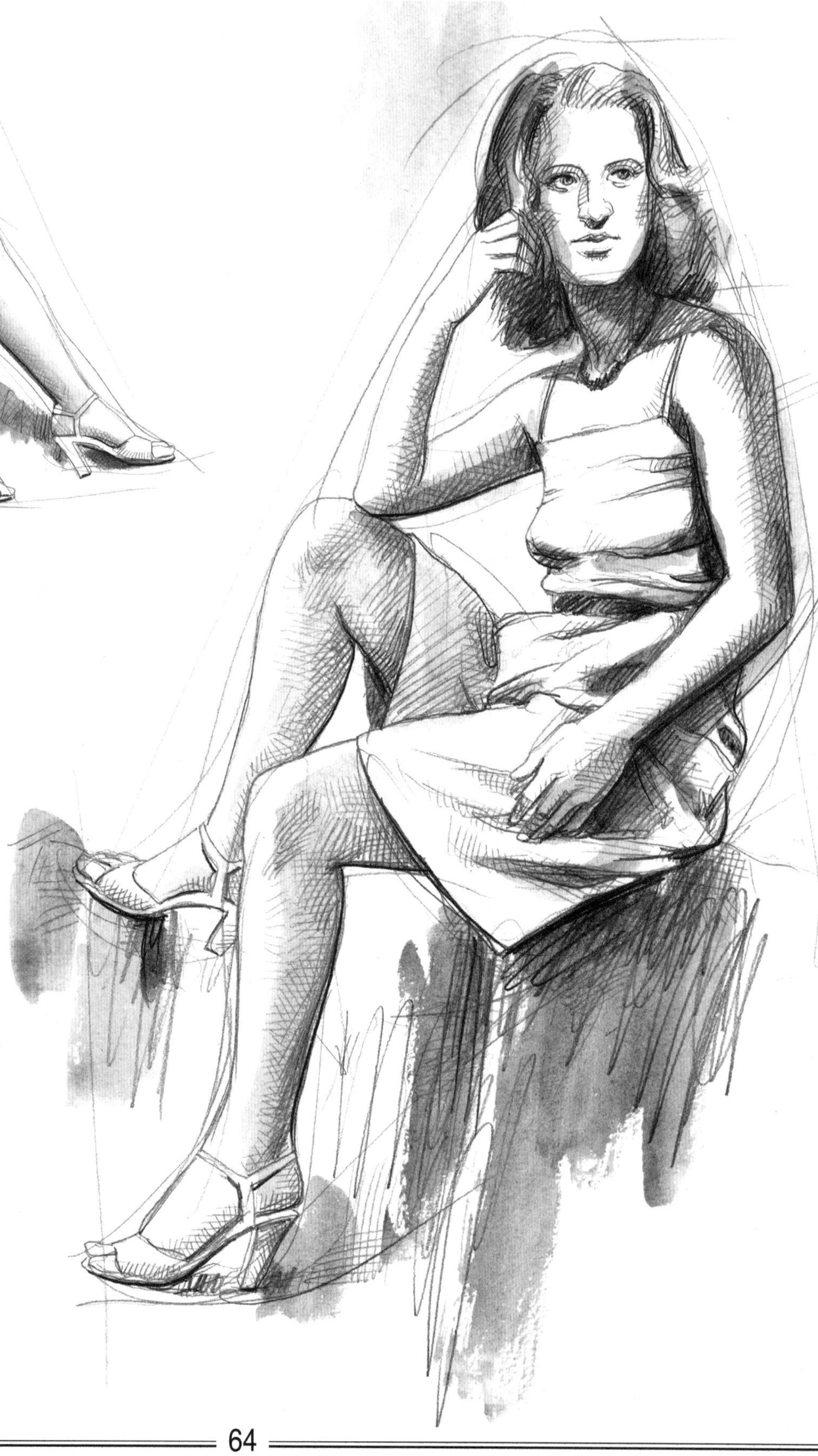

Auf diesen beiden Zeichnungen, die sich technisch nicht von den vorhergehenden unterscheiden, versuche ich klarzumachen, dass die Pose und die Handlung des Modells für das Gelingen einer Zeichnung von Personen entscheidend sind, auch und gerade, wenn sie Beiläufiges einfangen. Deswegen muss man diese Umstände besonders beachten. Unwillkürliche Posen erscheinen uns besonders attraktiv, wenn sie unserem Geschmack entsprechen, der sich durch fortdauerndes Nachdenken, vor den großen Kunstwerken und beim Studium der Natur herausgebildet hat. Es ist klar, dass die Pose und Handlung der kleineren Zeichnung verwirrend und gestellt wirkt, zumindest aus diesem Blickwinkel. Spontan hätten wir sie wahrscheinlich nicht einmal weiter beachtet.